KB209951

미래 세대를 위한

자연사 이야기

미래 세대를 위한 자연사 이야기

제1판 제1쇄 발행일 2025년 2월 13일

글 _ 신나미
기획 _ 책도둑(박정훈, 박정식, 김민호)
디자인 _ 이안디자인
펴낸이 _ 김은지
펴낸곳 _ 철수와영희
등록번호 _ 제319-2005-42호
주소 _ 서울시 마포구 월드컵로 65, 302호(망원동, 양경회관)
전화 _ 02) 332-0815
팩스 _ 02) 6003-1958
전자우편 _ chulsu815@hanmail.net

ISBN 979-11-7153-022-9 43400

철수와영희 출판사는 '어린이' 철수와 영희, '어른' 철수와 영희에게 도움 되는 책을 펴내기 위해 노력합니다.

미래 세대를 위한

자연사 이야기

46억 년 지구와 생명의 역사

글 | 신나미

철수와영희

머리말

과학적 상상력을 깨우는 자연의 세계

자연사. 말 그대로 '자연의 역사natural history'입니다. 그 엄청난 역사를 밝혀내는 처음은 자연에서 표본을 수집하는 작은 활동이었습니다. 우리 친구들도 곤충을 잡거나 돌을 주워 오잖아요. 그런데 자연에서 수집한 돌, 광물, 화석, 식물과 동물의 표본이 늘어나면서 그 특성이나 분포, 변화를 기록하고 해석했어요. 수집품을 공부하는 과학자들도 나타났습니다. 이어 자연 곳곳에서 모은 수집품을 한곳에 모으자는 생각이 떠올랐지요. 자연사박물관은 이렇게 생겨났습니다.

세계에서 가장 큰 자연사박물관이 미국, 영국, 프랑스에 있는데요. 이 나라들은 서로 자랑하듯 수도에 거대한 박물관을 열어 놓고 있습니다. 세 나라의 자연사박물관을 찾았을 때 평일인데도 사람들이 웅장한 건물을 가득 메우고 있어 놀라웠습니다.

그에 비해 우리 자연사박물관은 주말이나 어린이날 등 공휴일에 주로 어린이와 부모님 들이 찾아옵니다. 도슨트로 일하면서 청소년 관람객을 만나는 일은 흔하지 않습니다. 밤늦게까지 공부하느라 시간에 쫓기다 보니

박물관에 올 시간을 내기가 쉽지 않겠지요. 자연의 흥미진진한 이야기를 가까이에서 눈으로 보고 귀 기울이는 감수성을 너무 일찍 잃어 가는 게 아닌지 하는 생각에 안타깝고 슬펐습니다. 과학적 상상력은 풍부한 감수성에서 시작되기 때문이에요.

제가 도슨트로 몸담고 있는 서대문자연사박물관의 전시실은 지구환경관, 생명진화관, 인간과 자연관으로 구성되어 있습니다. 먼 우주에서 온 운석을 직접 만져 보고 깜깜한 종유석 동굴도 엿볼 수 있습니다. 찬란한 빛깔의 광물과 암석, 깊은 땅속과 바다에서 온 생물의 자취를 만나 볼 수 있습니다.

인류가 등장하기 훨씬 오래전에 살았던 다양한 생물의 유해들과 인류의 기원을 탐색하는 유인원 화석들이 기다리고 있는데요. 시공간을 뛰어넘는 놀라운 만남을 하면 몇 가지 질문이 자연스레 우리의 머릿속을 맴돌게 됩니다.

왜 그 많은 생물들이 자연사에서 사라졌을까? 거의 모든 생물종이 사라진 대멸종이 일어났음에도 어떤 생물은 어떻게 살아남아 자연에 적응했을까? 과거의 생물과 현재의 생물이 왜 이렇게 다를까? 물음이 이어지지요.

자연은 쉼 없이 변화하고 있습니다. 화산이나 지진을 일으키는 지구 내부의 힘, 태양과 천체들에 의한 외부의 영향으로 지구 환경이 끊임없이 변했습니다. 게다가 생물이 지구 환경에 미치는 영향 또한 매우 커서 자연에 엄청난 변화를 일으켰어요. 그렇게 한없이 온화하다가도 끔찍한 격동을 일으키는 자연이 선택한 생물들은 어떤 모습일까요.

중·고등학교에서 과학 교사로 30여 년을 해 온 과학 수업 못지않게 자연사박물관에서 느낄 수 있는 생생한 감동과 재미를 여러분과 나누고 싶습니다. 오늘도 46억 년을 이어 온 자연사의 하루이며 우리는 매우 늦게 등장한 자연의 한 생물종임을 기억하길 바랍니다. 우리 자신을 더 잘 이해하기 위해서는 더 먼 과거를 여행할 채비를 해야겠지요. 과거로의 탐험은 미래를 향한 생존의 나침반을 얻는 여정이기도 합니다. 그럼 함께 여행을 떠나 볼까요.

신나미 드림

차례

02. 생명과 진화 061

01.

우주와 지구

고향을 떠나는 주인공이 한 줌의 흙을 줍는 영화의
이야기보다 훨씬 더 흥미로운 사연을, 돌은 품고 있어요.
지구의 기원과 역사가 아로새겨 있거든요.

1 자연을 전시하다

현재 지구촌에는 수천여 개의 자연사박물관이 있습니다. 가장 오래된 자연사박물관은 1793년에 문을 연 프랑스 파리의 국립자연사박물관입니다. 본디 1635년 루이 13세 때 왕립 약용식물원으로 설립되었지요. 그러다가 점점 지질학, 물리학, 화학 분야로 관심을 넓혔어요. 그로부터 150여 년이 흐른 1789년에 프랑스 혁명이 일어났습니다. 자유, 평등, 우애를 내건 시민 혁명으로 왕정에서 민주주의로 넘어가는 인류사적 전환점이 되었지요. 혁명으로 세워진 정부는 왕족과 귀족 들이 개인적으로 소유하고 있던 수집품들을 몰수했습니다. 그것들을 박물관에 모아 시민들에게 공개했어요. 나폴레옹이 이집트를 침략했을 때 약탈한 생물 표본 등도 전시했지요.

자연사박물관이 프랑스에서 처음 문을 연 데에는 과학자 조르주루이 르클레르 뷔퐁Georges-Louis Leclerc Buffon(1707~1788)의 연구 활동이 큰 역할을 했습니다. 뷔퐁은 자신이 수집하고 연구한 결과

프랑스 파리 국립자연사박물관에 속한 동물학 박물관.

를 정리해 『일반특수자연사』라는 책으로 출판했지요. 이 책을 계기로 '자연사'라는 말이 퍼졌습니다. 뷔퐁은 자연 표본으로 수집한 자료들을 바탕으로 지구가 변화해 온 과정을 설명했습니다. 그에 자극을 받아 자연사를 연구하는 학자들이 유럽과 미국에서 늘어나기 시작했습니다.

미국의 수도 워싱턴에 있는 국립자연사박물관은 1846년에 설립된 이후 끊임없이 돌, 화석, 생물 표본 등을 수집해 현재 1억

4000만 점이 넘는 자연사 자료를 소장하고 있습니다. 전시물은 그중 극히 일부라고 합니다. 대통령이 일하는 백악관에서 가까운 곳에 자리한 박물관에는 과학자를 꿈꾸는 어린이만이 아니라 어른도 많이 찾아옵니다.

영국 런던의 국립자연사박물관은 1881년에 문을 열었어요. 『종의 기원』으로 유명한 찰스 다윈이 직접 수집한 표본들도 보관되어 있는데요. 2002년에 개장한 다윈 센터는 세계 곳곳에서 수집한 소장품 2200만 점을 보유하고 있습니다.

왜 이렇게 국가에서 자연사박물관을 커다랗게 세우고 수집품을 앞다퉈 모으고 전시할까요. 왜 사람들은 먼 나라의 자연사박물관까지 찾아 관람할까요. 자연사박물관에서 전시하는 암석, 광물, 화석, 동식물의 표본과 박제가 매우 신비롭기 때문이 아닐까요. 게다가 생생한 자연의 세계를 배울 수 있는 교육의 현장이기 때문이에요. 실제로 이 수집품을 과학적으로 연구해 지질학은 물론 지리학, 생물학, 인류학, 천문학까지 포괄하면서 종합 과학으로 발전했습니다.

그럼 자연사박물관이 파리의 루브르박물관이나 런던의 대영박물관과 어떻게 다를까요. 고대에서 현대에 이르는 미술품과 고문서, 민속자료 등 인류의 유산을 전시하는 박물관과 달리 자연사 박물관의 전시물은 자연이 만든 작품입니다.

유럽과 미국의 국립박물관이 고대 이집트를 비롯해 대단히 많은 나라의 소장품을 수집할 수 있었던 이유는 식민지 지배의 역사와 관련이 있습니다. 식민지의 유물을 강제로 빼앗은 것이지요. 유물을 빼앗긴 나라들이 줄곧 반환을 요구하고 있지만 이들 나라는 외면하고 있습니다. 세계에서 가장 오래된 금속 활자 인쇄본인 우리의 『직지심체요절』도 루브르박물관이 소장하고 있습니다. 영국과 프랑스, 미국이 역사박물관은 물론 자연사박물관에 전 세계의 자연과 인류의 소중한 유산을 전시하는 배경에는 그런 세계사의 진실이 담겨 있습니다.

자연사박물관의 첫 전시관은 곧 자연사의 출발점입니다. 바로 우주이지요.

2 우주, 신화의 시작

자연의 모든 생물은 우리 사람처럼 생일이 있습니다. 숲속 나무도, 옆집 고양이도 생일이 있습니다. 생물만이 아닙니다. 수소와 산소 같은 물질도, 흔한 돌멩이도, 우주와 별과 지구도 태어난 날이 있습니다.

그런데 자연의 생일은 우주와 서로 인연이 닿아 있습니다. 왜냐하면 우주에서 자연의 역사가 시작되었거든요. 우주는 물질과 에너지, 시공간을 포함하는 모든 것을 이릅니다. 그 우주에서 모든 것이 잉태되었어요.

천문학은 자연 과학 중 가장 오랜 역사를 지녔습니다. 1543년 지동설을 과학적으로 설명한 코페르니쿠스의 혁명적 발상을 인정하기까지 비록 오랜 시간이 걸렸지만 케플러, 뉴턴의 연구 성과를 바탕으로 우주의 원리가 밝혀지기 시작했습니다.

20세기 들어 우주는 우리가 생각하는 것보다 훨씬 광활하며, 이 드넓은 우주가 계속 팽창하고 있다는 놀라운 발견을 했습니다.

에드윈 허블.

1924년과 1929년 천문학자 에드윈 허블Edwin P. Hubble(1889~1953)이 천체 망원경으로 관측한 사실입니다.

허블은 은하가 지구로부터 멀어지는 속도가 지구로부터의 거리에 비례한다는 사실을 밝혔습니다. 멀리 있는 은하일수록 거리에 비례하는 속도로 멀어진다는 것은 단순히 은하가 이동하는 것이 아니라 우주 공간이 팽창하면서 그 안에 있는 은하가 멀어진다는 뜻입니다. 이를 '허블 법칙'이라고 부릅니다.

과학자들은 우주의 팽창을 거꾸로 되돌린다면 과거로 갈수록 우주의 크기가 작아진다고 생각하게 되었습니다. 점점 더 과거로 가면 어떻게 될까요. 팽창하는 우주를 계속 과거로 되돌리면 이윽고 무한히 작은 한 점으로 모아집니다. 바로 그 한 점에서 마치 큰 폭발이 일어나듯이 우주가 팽창하기 시작했다는 거죠. 허블 법칙은 큰 폭발이라는 뜻의 '빅뱅' 우주론의 기초가 되었습니다.

빅뱅 우주론은 과학자들의 수많은 연구와 여러 증거를 통해 입증되었습니다. 우주는 138억 년 전의 어느 순간 한 점에서 폭발적으로 팽창해 지금 이 순간에도 점점 더 커지고 있습니다.

빅뱅이 일어난 바로 그 순간이 우주의 생일이겠지요. 하지만 이런 질문이 있을 수 있어요. 빅뱅 이전은 무엇이었느냐는 것이죠. 이에 대해 우주 과학은 아직 모른다고 솔직하게 고백합니다.

138억 년 전 빅뱅이 일어난 이후 물질과 빛을 만들고 별과 행성, 은하를 만들었습니다. 우리는 우리은하의 나선팔에 자리 잡은 태양계의 세 번째 행성에서 태어났습니다. 우주의 생일과 내 생일이 이렇게 이어져 있습니다. 우주가 탄생한 빅뱅의 순간이 있었기에 내가 태어날 수 있었다고 생각하면 어떤가요. 내 생일은 우주의 생일로 거슬러 올라가야 하지 않을까요. 생명의 신비로운 이야기는 이렇게 우주에서 시작되었습니다.

3 우리 몸과 별의 파노라마

빅뱅이 일어난 직후 초기 우주는 매우 빠르게 팽창했습니다. 급팽창 이론에 따르면 1초보다 짧은 시간으로 1억분의 1억분의 1억분의 1억분의 1초에 우주의 크기가 1억 배의 1억 배의 1억 배의 100만 배로 커졌다고 합니다.

빅뱅의 급팽창 이후 우주의 온도가 낮아지면서 기본 입자와 양성자, 중성자를 만들었고 1초~3분 사이에 양성자와 중성자가 모여 원자핵을 만들었습니다. 가벼운 수소 원자핵, 헬륨 원자핵, 소량의 리튬 원자핵을 생성했어요.

원자핵을 만든 후 38만 년이 지나 원자핵과 전자가 결합해 원자를 만들었습니다. 수소 원자H와 헬륨 원자He가 생겼어요. 수소는 가장 가벼운 원자인데 우주에 제일 많이 존재하지요. 우주에서 관측한 수소와 헬륨의 원자 비율은 3대 1입니다. 빅뱅 우주론으로 예측한 비율과 실제 관측한 비율이 일치합니다.

빅뱅 이후 2억 년이 지나면서 수소가 반응해 별이 탄생했습니다. 아기별은 점점 커지고 밝아지다가 언젠가는 죽음을 맞이합니다. 별도 생일이 있고 수명이 있어요. 별은 아주 오래오래 살지만 언젠가는 빛나는 생애를 마쳐요. 질량에 따라 별의 수명이 달라집니다. 우리의 별인 태양의 수명은 대략 100억 년인데 앞으로 50억 년을 더 살 수 있어요. 별이 빛나는 이유는 몹시 뜨겁기 때문이에요. 뜨거운 별 안에서 더 무겁고 새로운 원소를 점점 만들었는데 헬륨뿐 아니라 탄소C, 산소O, 마그네슘Mg, 철Fe 등이었어요.

수십억, 수백억 년이 지나면 별은 생을 마칩니다. 질량이 작은

플레이아데스 성단.

별일수록 오랜 시간에 걸쳐 서서히 소멸합니다. 작은 별이 더 오래 사는 셈이지요. 아주 큰 별이 소멸할 때 어마어마한 폭발이 일어납니다. 초신성 폭발이라고 하는데요. 이때 수천억 개의 별로 이루어진 은하와 밝기가 비슷할 만큼 막대한 에너지를 분출합니다. 별의 중심에서 만드는 철보다 더 무겁고 새로운 원소를 내보내지요. 별의 잔해는 원시별과 미행성 등 천체를 시나브로 잉태합니다.

지구에 있는 물질은 빅뱅 우주에서 시작해 작은 별, 큰 별, 그리고 초신성 폭발로 만들어졌어요. 우리 몸은 산소, 탄소, 수소, 질소N, 칼슘Ca, 인P, 칼륨K, 철, 구리Cu, 아이오딘I 등 여러 물질로 이루어져 있는데요. 별의 잔해가 우리 몸에 들어와 있는 거예요. 그중 우리 몸의 10퍼센트를 차지하는 수소의 나이가 무려 138억 살이라는 게 믿어지나요.

그런데 별과 우주에 이런 원소가 있다는 걸 어떻게 알았을까요. 태양의 스펙트럼을 통해서입니다. 햇빛을 프리즘에 비추면 무지갯빛으로 나뉘지요. 햇빛에 들어 있는 빛들이 파장에 따라 굴절률이 달라서 분산되는 현상을 스펙트럼이라고 합니다. 무지갯빛 스펙트럼을 자세히 관찰하면 중간중간 검은 선을 볼 수 있는데요. 햇빛을 받은 기체가 특정한 빛을 흡수해서 그 부분의 빛이 사라진 것입니다. 햇빛이 지구에 도달할 때 태양이나 지구의 대기에 있는 기체가 특정한 빛을 흡수한 것이지요. 지구 대기의 성분을 고려하면 태양의 대기를 알 수 있게 됩니다. 별의 원소는 이와 같은 흡수 스펙트럼으로 조사합니다.

허블은 은하의 흡수 스펙트럼을 연구하던 중 우주가 팽창한다는 사실을 알게 되었습니다. 먼 은하일수록 검은 흡수선이 붉은색으로 치우치는 '적색 편이'를 발견했지요. 적색 편이는 파장이 길어질 때 보이는데요. 은하에서 적색 편이가 보이는 이유는 은하가 멀어지면서 은하에서 오는 빛의 파장이 길어지기 때문이지요.

또 주변의 발광 성운 등에서 강한 에너지를 받은 기체는 반대로 방출 스펙트럼이 나타납니다. 기체가 에너지를 방출해 특정한 파장의 빛깔이 선으로 나타나는 현상이에요. 과학자들은 기체마다 다른 색깔 띠의 방출 스펙트럼이 나타나는 원리를 이용해 우주 공간에 존재하는 물질을 알아냈어요. 우주 전역에서 방출하는 스펙트럼을 분석한 결과 우주 공간에 수소 원자와 헬륨 원자가 3대 1로 존재했어요. 선 스펙트럼은 선의 위치와 두께로 원소의 종류와 질량비를 알 수 있어서 '원소의 지문'이라는 별명이 있습니다.

4 138억 년 전 빛의 메아리

빅뱅 초기 100억℃에 달했던 우주가 팽창하면서 38만 년이 되었을 때 3000℃로 식었어요. 이때 원자핵과 전자가 결합하면서 원자를 만들었고 빛도 생겼습니다. 그동안 원자핵, 전자, 광자(빛)가 서로 충돌하면서 우주가 불투명했어요. 원자가 안정되면서 그 사이에서 광자가 빠져나와 멀리까지 직진했지요. 빛이 생겼고 투명한 우주로 변했습니다. 광자는 입자의 성질을 띠었을 때의 빛이어요.

우리는 빛이라고 하면 환한 빛을 떠올립니다. 태양빛이 환한 이유는 태양의 온도가 뜨겁고 태양에서 방출한 빛 중 가시광선이 눈에 보이기 때문입니다. 그러나 우리가 볼 수 없는 빛도 있습니다. 자외선, 적외선, X선, 전파 등이지요.

현재 우주 공간의 온도는 몇 도일까요. 무려 영하 270℃입니다. 상상하기 어려운 영하의 온도에서 빅뱅의 빛이 어떻게 변했을까요. 이 빅뱅의 빛을 처음으로 포착한 사람이 아노 펜지어스Arno A.

Penzias(1933~)와 로버트 윌슨Robert W. Wilson(1936~)입니다. 통신 위성용 안테나를 개조해서 전파 망원경으로 만들어 연구하던 중 전파 망원경에 기록되는 잡음을 제거하려고 했지만 번번이 실패했지요. 전파 망원경을 완전히 분해했다 다시 조립하기도 하고 부품을 교체해 보기도 했어요. 혹시나 하는 마음에 심지어 안테나에 묻은 비둘기 똥을 닦아 냈지만 허사였어요. 그러다 1965년 제거할 수 없는 이 전파 잡음이 빅뱅의 빛이라는 것을 알게 되었습니다.

아노 펜지어스와 로버트 윌슨이 우주 배경 복사를 발견한 홀름델 혼 안테나.

빅뱅 초기에 방출된 3000℃의 빛이 우주 팽창과 함께 식어서 160기가헤르츠GHz의 주파수를 가진 전파로 남았거든요. 두 과학자가 우주의 모든 방향에서 균일하게 지구를 향해 날아오는 그 전파를 관측했던 것이에요. 파장이 긴 전파로 변한 빅뱅의 빛이 바로 우주 배경 복사입니다. 우주의 온도가 '절대 0도'보다 불과 3도 높은 극저온이라는 걸 알게 되었습니다. 절대 0도는 영하 273.15℃로, 물질을 구성하는 입자들이 운동을 멈추는 온도이므로 이론적으로 가능한 가장 낮은 온도입니다.

우주 배경 복사는 빅뱅 우주론의 강력한 증거가 되었습니다. 우주 배경 복사를 더욱 정밀하게 관측하면서 우주의 온도가 균일하지 않다는 사실도 발견했지요. 미세한 온도 차이는 암흑 물질과 암흑 에너지가 존재한다는 증거입니다.

빅뱅 직후 급팽창이 일어나면서 우주 공간이 온전히 균일하게 퍼져 갔다면 별과 은하가 없을 수도 있어요. 하지만 아주 작은 차이가 나타났고 그로 인해 당기는 중력이 생겨나 별과 은하를 만들었습니다. 그 미세한 차이를 만드는 힘은 암흑 물질에서 나왔습니다. 중력을 지닌 암흑 물질은 일반 물질과 상호 작용하지 않고 빛에도 반응하지 않아서 우리 눈에는 보이지 않아요. 하지만 물질보다 5배 정도나 많다고 합니다.

별과 은하의 중력, 그리고 암흑 물질의 중력이 작용하면 우주는 수축하지요. 그러나 우주가 수축하지 않고 점점 더 빠른 속도로 팽창하는 이유는 또 다른 힘, 암흑 에너지가 있기 때문입니다.

우주를 팽창시키는 암흑 에너지는 물질이나 암흑 물질의 중력과 반대 방향으로 작용하며 암흑 물질의 2배가 넘는다고 해요. 우주에는 5퍼센트의 물질, 26퍼센트의 암흑 물질, 69퍼센트의 암흑 에너지가 있습니다.

우주에 대한 탐구는 이제 별을 넘어 우리 눈에 보이지 않는 암흑의 영역에까지 도달하고 있어요.

5 운석의 선물

수많은 은하 가운데 태양계가 속한 은하를 '우리은하'로 부르는데요. 빅뱅 후 3억 년이 지나 135억 년 전에 생겼다고 추정합니다. 우리은하는 나선형 은하로 최소 1000억 개의 별로 이루어져 있어요. 태양은 우리은하의 가장자리인 나선팔에 위치합니다.

우리은하의 태양계 가까운 곳에서 초신성이 폭발해 태양계가 생성되었습니다. 폭발의 잔해와 가스, 먼지가 응축되어 중심에는 태양이, 주변에는 행성들이 자리를 잡았어요. 이 사건이 언제 일어났을까요. 그 '비밀'의 실마리는 운석에서 찾을 수 있습니다.

운석은 원래 혜성, 소행성 또는 유성체입니다. 작은 천체라 대부분 지구 대기로 들어올 때 타 버려 지표면에 도달하는 양은 매우 적어요. 이 운석에는 새까맣게 타고 그을리고 녹아 떨어져 나간 흔적이 남게 되는데 포도 껍질처럼 얇은 층이랍니다. '용융각'으로 부릅니다. 보통 사막이나 남극의 빙하에서 눈에 잘 띄어요. 이들 운석은 겉모습뿐 아니라 내부 구조도 지구의 돌과 다르답니다.

천문학자들은 운석을 '다이아몬드'보다 더 귀하게 여깁니다. 왜 그럴까요. 운석에 태양계의 과거가 '기록'되어 있기 때문입니다. 실제로 운석을 통해 지구의 생일을 알게 되었어요.

지구에 있는 돌로는 지구의 생일을 판단할 수 없습니다. 지구처럼 커다란 행성은 생성 초기에 매우 뜨겁기 때문에 마그마의 바다라고 할 정도인데요. 달의 기원이 되는 테이아를 비롯한 미행성의 충돌들로 지구 표면이 펄펄 끓는 액체였어요. 지구가 생성될 때 돌이 만들어지지 않은 거죠.

미국 뉴욕 자연사박물관에 전시된 윌라멧 운석.

충돌이 끝나고 암석으로 식어 원시 지각이 생성될 때까지 수억 년이 걸렸습니다. 그 이후에도 지구에서는 화산과 같은 지각 변동이 끊임없이 일어나 암석이 녹았다가 굳었다가를 반복했어요. 현재까지 발견된 가장 오래된 지구 암석의 나이는 40억 년입니다.

지구의 돌들과 달리 작은 천체는 생성되자마자 금세 굳어요. 그래서 태양계의 운석 나이를 조사하면 태양계의 생성 시기를 알 수 있습니다. 특히 지구의 돌 성분과 비슷한 석질운석은 가장 많이 발견되는데 그중에는 내부에 방울무늬가 보이는 것들이 있습니다. 태양이나 행성 등 커다란 천체가 생기기 전 무중력 상태에서 성운의 우주 먼지가 뭉쳐 만들어진 것입니다. 이 운석은 열에 의해 변화되지 않아 휘발성 물질도 남아 있어요. 태양과 화학 조성이 비슷해서 태양계의 생일을 알려 주는 시계인 셈이지요. 그 운석의 생일이 바로 태양의 생일이자 지구의 생일과 같은 거죠.

과학자들은 이런 방울 무늬를 품은 석질운석을 통해 46억 년 전에 태양계가 생성되었다는 것을 파악했습니다. 그 운석의 성분을 분석해서 태양계에 남은 초신성 폭발 잔해를 찾아낼 수 있었지요. 최근에는 물과 지구 생명체의 기원을 담고 있는 석질운석도 발견되었습니다.

운석 중에 철질운석은 철, 니켈Ni과 같은 금속 광물로 되어 있어서 자성을 띱니다. 웬만한 철질운석은 들기 어려울 만큼 아주 무거운데요. 손으로 비벼서 냄새를 맡아 보면 피비린내가 난다고도 합니다. 운석에 철이 들어 있고 우리 몸의 피 속 헤모글로빈에도 철이 있어서이지요. 그리고 둘 다 별에서 만들어졌기 때문일 거예요. 같은 물질이거든요.

지질학자들은 방사성 동위원소로 운석, 암석의 나이를 연구합니다. 불안정한 모원소가 일정한 속도로 붕괴되면서 안정된 자원소로 되는 원리를 이용해요. 모원소가 반으로 감소하는 데 걸리는 시간을 반감기라고 하는데 이 반감기가 일정한 거죠. 오래된 돌의 나이는 우라늄U-납Pb 연대 측정법으로 파악합니다. 우라늄 중 반감기가 가장 긴 우라늄238을 이용하는데 이 원소의 반감기는 44억 6800만 년입니다. 우라늄 광물인 저어콘은 마그마 속에서도 변성되지 않을 만큼 지각 변동에 영향을 받지 않는 광물로 생성될 때 납이 거의 없거든요. 검출된 납은 붕괴된 자원소입니다. 저어콘에서 우라늄238과 납206의 비율을 알면 운석과 암석의 나이를 알 수 있는 거죠.

6 매일매일 바뀌는 세계 지도

지구의 표면 온도는 연평균 15℃입니다. 생물이 살아가기에 적당한 온도입니다. 그러나 지금 이 순간에도 깊은 바다에서, 땅속에서 지진과 화산 활동이 극렬하게 일어납니다. 지구는 굉장히 역동적인 행성이지요.

왜 이런 지각 변동이 일어날까요. 비밀은 지구 내부에 있습니다. 지구 중심의 온도를 6600℃로 추정하는데 6000℃인 태양의 표면 온도와 비슷하지요. 지구 안으로 갈수록 압력도 높아요. 과학자들은 지진파를 연구해 지구 내부의 구조를 알아냈습니다. 지구 안은 복숭아 열매와 비슷하게 생겼는데요. 복숭아의 얇은 껍질, 과육, 씨처럼 지구는 지각, 맨틀, 외핵과 내핵으로 되어 있습니다.

지구 껍질은 얇고 딱딱한 암석으로 된 지각입니다. 그 아래 맨틀은 지구 부피의 80퍼센트를 차지하는데 안으로 갈수록 뜨겁기 때문에 말랑말랑한 고체입니다. 외핵은 액체이며, 가장 뜨거운 내핵은 고체로 추정합니다. 가장 뜨거운 내핵이 액체가 아닌 이유는 뭘까요. 매우 센 압력을 받으면 물질을 구성하는 입자들이 규칙적으로 배열하면서 고체로 변하기 때문이어요.

액체로 된 외핵은 지구의 중심과 가까워 밀도가 높은 철, 니켈이 많습니다. 외핵의 금속 물질은 태양풍을 막아 주는 강력한 방패 역할을 합니다. 아래위 온도 차에 의해 외핵이 대류 운동을 하고 여기에 지구 자전의 영향이 더해져 외핵이 빠르게 움직이면서 전류가 발생해 주변에 자기장이 형성되는 거죠.

태양풍이 지구 자기장에 충돌하면 대부분 우주 공간으로 밀려납니다. 일부는 지구 자기장을 따라 흐르는데요. 지구로 들어오지 못하는 거죠. 지구에서 가까운 자기장 주변에 태양풍을 가두는 지대(밴앨런대)가 있어 여기서도 태양풍을 막아 줍니다.

태양풍은 전기를 띠는 플라스마 입자로 생물체에게 매우 위협적인 물질입니다. 태양풍의 흔적이 바로 '오로라'입니다. 오로라는 북극과 남극에서 지구 자기장에 이끌려 온 태양풍 입자가 지구 대기와 마찰하면서 오색찬란한 빛을 내는 현상이거든요. 지구 자기장이 태양풍의 공격을 막아 내는 과정에서 신비로운 오로라가 나타나는 거죠.

과학자들은 외핵의 흐름에 따라 자기장이 변해 주기적으로 역

알래스카 페어뱅크스의 붉은색과 녹색 오로라.

전된다고 합니다. 쉽게 말하면 북극을 가리켰던 나침반의 N극이 남극을 가리키게 되는 거죠. 지구 자기장의 역전 주기는 불규칙해서 예측하기 어렵다고 합니다. 다만 역전되는 동안 자기장이 약해지거나 불안정해질 수 있다고 해요. 게다가 지구 내부의 높은 열과 압력은 지표면을 끊임없이 요동치게 합니다.

우리가 발을 딛고 있는 땅이 지구의 껍질, 즉 지각인데요. 이 땅은 끄떡없이 견고하게 느껴지지만 실상은 전혀 달라요. 마치 퍼즐 조각같이 이리저리 움직이고 있지요. 퍼즐처럼 나눠진 판은 딱딱한 암석 성분인데요. 평균 100킬로미터의 두께로 지각과 상부 맨틀이어요. 판이 움직이면서 서로 부딪히는 곳, 서로 멀어지는 곳, 서로 비껴가는 곳이 생기게 됩니다. 지진과 화산이 일어나는 곳은 대개 판과 판이 만나는 경계이지요.

1912년 알프레트 베게너Alfred L. Wegener(1880~1930)는 땅이 움직인다는 대륙 이동설을 주장했어요. 해안선의 모양, 산맥을 비롯한 지질 구조의 연속성, 빙하의 흔적, 고생물 화석의 분포 등 여러 증거를 제시했습니다. 하지만 왜 움직이는지를 규명하지 못했어요. 불행히도 베게너는 그린란드에서 극지 탐사 활동 중 실종되어 사망했지만 대륙 이동설은 지질학계에 대변혁을 불러일으켰습니다.

1928년 아서 홈스Arthur Holmes(1890~1965)에 의해 대륙 이동의 원인이 밝혀지기 시작했는데요. 그는 대륙을 움직이는 힘이 지구 내부의 열과 지구 내부에 있는 방사성 동위원소가 붕괴되면서 방출하는 에너지에 의해 생긴다고 설명했습니다. 맨틀의 아래쪽은 온도가 높고 위쪽은 낮아 에너지의 대류가 일어나면서 말랑말랑한 맨틀 물질이 위아래로 순환한다는 거죠. 맨틀의 에너지로 인해 그 위에 떠 있는 조각판들이 이리저리 움직인다는 이론입니다.

그 후 지질학자들이 해양 지각에서 나타나는 여러 증거를 연구해 지표에서 움직이고 있는 판의 이동 과정을 밝혔습니다. 최근에는 맨틀에서 원기둥 모양으로 열이 이동하는 물질의 흐름을 포착했는데요. 이 열기둥을 플룸이라고 합니다. 맨틀에서 위로 올라오는 뜨거운 열기둥과 아래로 내려가는 차가운 열기둥이 있음을 발견했어요.

세계에서 가장 높은 에베레스트는 세력이 비슷한 대륙판이 서로 부딪혀 밀려 올라가면서 지금도 점점 높아지고 있습니다. 호주는 남극에서 떨어져 나와 북상하고 있고요. 일본은 가벼운 대륙판 아래로 무거운 해양판이 들어가면서(섭입) 지진이 종종 일어납니다.

지구는 대륙이 하나로 모이는 거대한 초대륙을 형성했다가 다시 분열하기를 반복했습니다. 지구 물리학자들은 초대륙의 형성 주기를 대략 3억 년~5억 년으로 추정합니다. 앞으로 2억 년~2억 5000만 년 후에 형성될 초대륙의 위치와 모습에 대해서는 학자에 따라 몇몇 견해가 있어요.

지각 변동이 일어나면 산맥과 바다 지형이 변하고 환경이 바뀝니다. 이러한 환경 변화에 적응한 생물이 살아남았던 거죠. 대륙판과 해양판이 움직이는 속도는 조금씩 다른데요. 비교적 빠른 태평양판의 이동 속도는 머리카락이 자라는 속도와 비슷합니다. 우리가 느끼지 못하지만 지금도 세계 지도는 변하고 있습니다.

7 해령의 산마루가 늘 새로운 까닭

대륙이 하나로 이어진 상태를 '초대륙'이라 합니다. 가장 최근의 초대륙은 2억 5000만 년 전에 형성되었으며 판게아라고 합니다. 세계 지도를 펼쳐 놓고 들여다보면 대서양을 사이에 두고 아메리카와 아시아-아프리카의 해안선이 퍼즐처럼 맞춰져요. 하나로 이어졌던 대륙이 쪼개져 이동하면서 그 사이에 대서양, 인도양이 생긴 거죠. 그렇다면 대륙이 움직일 때 바다 깊은 곳에서는 어떤 일이 일어날까요.

바다 한가운데 구불구불 기다란 해저 산맥 즉 해령이 있습니다. 이곳 해령에서 새로운 바다, 해양 지각이 만들어집니다. 뜨거운 에너지를 지닌 맨틀 물질이 상승하면서 높은 바다 산맥을 만들어 놓았는데요. 해령의 산마루에는 반대 방향으로 벌어지는 틈(열곡)이 있습니다. 이곳의 지층은 이제 막 형성되어 나이가 어려요. 지금 이 순간에도 땅속의 마그마가 분출하면서 해양판과 해양판이 서로 벌어지고 있습니다. 아주 조금씩 끊임없이 벌어지는 만큼 그

때마다 새로운 해저(바다 밑)가 생기지요.

그곳의 풍경을 한번 상상해 볼까요. 격렬한 화산 활동이 일어나고 화산 가스에서 독성 물질이 분출하는 무시무시한 모습이겠지요. 그런데 끔찍한 광경을 예상했던 과학자들은 해령을 탐험하다가 뜻밖에도 신비로운 생태계를 발견했습니다.

깊은 바다 속 용암 사이로 검은 연기가 자욱하고 300℃가 넘는 뜨거운 물이 암석 굴뚝에서 솟아나는 바로 그곳에 놀랍게도 괴상한 생물들이 살고 있었습니다. 햇빛도 없고 황화 수소와 같은 화산 가스로 가득 찬 뜨거운 바다 속에서 어떻게 생물들이 살 수 있었을까요.

그곳을 열수 분출공이라고 하는데요. 여기에는 완전히 다른 방법으로 생태계를 유지하는 세균(고세균)이 살고 있어요. 검거나 흰 연기 속에 있는 화학 물질과 뜨거운 바닷물의 에너지를 이용해 탄수화물을 만듭니다. 식물의 광합성과 달리 빛을 이용하지 않는 '화학 합성'입니다. 세균이 생산한 유기물을 기반으로 1미터가 넘는 조개, 커다란 관벌레, 흰색 게 들이 먹이 사슬을 이루며 번식하고 있지요.

과학자들은 열수 분출공과 비슷한 환경의 원시 바다에서 생명체가 처음 탄생했을 것으로 추정합니다. 뜨거운 열과 이산화탄소, 풍부한 수소가 아미노산과 같은 간단한 유기물뿐 아니라 세포막을 구성하는 물질을 합성해 세포가 출현했다는 거죠. 심해의 열수 분출공에서 생명체가 출현한 과정은 아직 다 밝혀지지 않았어요.

바다 밑이 끊임없이 새로 생기면 바다가 계속 넓어지는 걸까요. 그렇지는 않습니다. 새로 만들어지는 곳이 있다면 일본과 같이 해양판이 대륙판 아래로 들어가면서 좁아지는 곳(해구)도 있거든요. 해양판이 깊숙이 소멸되는 해구에는 가장 깊고 나이 많은 해양 지각이 분포합니다. 나이가 많은 이유는 해령에서 생성된 지각이 서서히 해구 쪽으로 이동하기 때문이지요. 해구에 있는 오래된 해양 지각은 끊임없이 지하로 소멸해 바다에서는 2억 년 이전의 해양 지각을 발견하기 어려워요. 해구도 지진과 화산 활동이 활발한 판의 경계로 열수 분출공이 많습니다.

주로 해령이 발달한 대서양은 현재 아주 조금씩 넓어지고, 해령이 있지만 해구가 많이 분포된 태평양은 매우 천천히 좁아지고 있어요. 바다 전체의 면적은 변화가 없습니다. 만약 기후 변화로 빙하가 녹아서 해수면이 높아지면 바다가 넓어지고 육지는 좁아져요. 그렇게 되면 지구 생태계는 곳곳에서 엄청난 위기에 직면합니다.

동굴은 먼 옛날 인류에게 친숙한 공간이었습니다. 인류가 위험한 동물이나 비바람을 피해 살아가는 곳이었고 초자연적인 힘을 숭배하는 사원이기도 했지요. 한결같이 15℃ 정도의 온도를 유지해서 여름에 시원하고 겨울에는 따뜻합니다. 동굴은 과거에 자연의 위협과 재난을 피할 수 있는 인간의 물리적, 정신적 피신처였고 지금도 지하 세계에서 생물들이 살아가는 안식처이지요.

어둡고 깊숙한 동굴에 들어가면 처음에는 축축하고 선선한 기운에 오싹한 긴장감을 느낍니다. 하지만 동굴 속으로 점점 더 깊이 들어갈수록 어느새 기이한 지하 세계의 웅장함에 매료됩니다. 화산 활동으로 생긴 용암 동굴, 바닷물의 침식으로 만들어진 해식 동굴과 함께 석회암 동굴이 있습니다.

석회암 동굴은 수백, 수천, 수억 년에 걸쳐 서서히 만들어집니다. 사람이 드나들 정도의 동굴이 형성되려면 10만 년의 시간이 걸린다고 합니다. 천장에서 고요히 떨어지는 지하수가 만든 종유

석회암 동굴의 모습.

석, 그 물이 떨어져 바닥에서 자라는 석순, 이 둘이 서로 만난 석주 들을 마주하면 장엄하면서도 섬세한 자연의 손길을 느낄 수 있습니다. 그 조각품엔 어느 하나 똑같은 모양이 없지요.

석회암 돌덩이를 오랜 세월 변화시킨 것은 빗물입니다. 빗물에는 공기 중에 있던 이산화탄소CO_2가 녹아 있는데 빗물이 땅속으로 흘러들면서 식물 뿌리, 생물 사체 들에서 나온 토양수의 이산화탄소와 더해집니다. 그렇게 약산성을 띠는 탄산 용액의 지하수가 석회암을 매우 조금씩 녹입니다. 그리고 동굴 천장과 벽을 타고 흘러내린 지하수는 종유석, 석순 들의 아름다운 석회질 조각품을 아주 천천히 만들면서 다시 이산화탄소를 방출합니다.

땅속 거대한 동굴은 박쥐, 나방, 거미, 지네, 도룡뇽, 반딧불이 들의 보금자리이기도 합니다. 햇빛 한 줌 없지만 보란 듯이 지하의 물로 구축된 또 하나의 살아 있는 생태계를 형성합니다. 햇빛과 산소가 없는 동굴에서 생명 활동에 필요한 에너지를 만드는 세균이 살고 있기에 가능한 일입니다. 그 작은 미생물이 동굴을 점점 넓혔을 뿐 아니라 지하 생태계를 만든 장본인이지요.

그곳에서 고생대의 화석 곤충이 발견되었습니다. 2센티미터 몸길이에 눈이 퇴화하고 날개도 없이 긴 더듬이를 지닌 곤충인데요. 고수귀뚜라미붙이*Galloisiana kosuensis* Namkung는 우리나라에서도 발견된 여러 종의 갈루아벌레 중 하나입니다.

석회암 동굴이 위치한 곳은 예전에는 얕은 바다였어요. 석회암은 바다 속에 사는 산호, 조개, 새우, 식물성 플랑크톤의 시체가 쌓여서 만들어진 탄산 칼슘 암석인데요. 바다 생물의 화석을 품고 있는 퇴적암이지요. 고생대에 번성했던 삼엽충은 골격뿐 아니라 눈을 이루는 렌즈의 성분도 탄산 칼슘이었어요.

탄산 칼슘$CaCO_3$, 바다 생물의 딱딱한 외골격의 재료가 바로 이산화탄소입니다. 바다에 내린 빗물 속 이산화탄소와 바다 속에 녹아 있는 칼슘이 결합해 탄산 칼슘 껍질의 성분이 됩니다. 우리가 집을 짓는 데 사용하는 시멘트의 원료가 탄산 칼슘으로 된 석회암이고요. 조각이나 건축의 재료로 각광받는 대리석(대리암)은 석회암이 지하에서 열 변성으로 만들어진 암석인데 불순물 함량에 따라 다채로운 무늬를 띱니다.

단단한 껍질을 지닌 바다 생물은 죽은 후에도 바다 밑바닥에 퇴적되어 석회암으로 변합니다. 석회암은 아득한 옛날부터 기나긴 세월에 걸쳐 바다 생명체가 건설한 이산화탄소 창고인 셈이지요. 이산화탄소가 바다에 흘러들어 석회암 창고에 보관되면서 공기 중에 있는 이산화탄소가 줄어들게 됩니다. 이산화탄소는 온실 기체라서 공기 중의 농도가 높아지면 지구 기온이 올라가요. 석회암이 지구 온난화를 막는 방패가 될 수 있는 거죠.

그런데 지구 온난화를 막아 주는 바다 생물이 멸종 위기를 맞고 있습니다. 지구 온난화와 바다 오염으로 산호가 사라지고 있거든요. 산호는 식물성 플랑크톤인 황록 공생 조류와 공생하며 물고기, 새우, 갯지렁이 들에게 서식지를 제공하는 바다의 보금자리예요. 그런데 울긋불긋하던 예쁜 빛깔의 산호가 공생 조류를 내보내고 하얗게 골격을 드러내며 굶어 죽고 있어요. 산호가 멸종된다면 바다 생태계의 먹이 관계에도 막대한 피해를 주게 될 거예요. 수백 년의 긴 수명을 지닌 산호는 매우 천천히 자라기 때문에 그의 죽음은 걷잡을 수 없는 결과를 불러올 수 있어요.

바다 생물뿐 아니라 바다 또한 이산화탄소 창고입니다. 바다에 이산화탄소가 녹으면 해류를 타고 극지방에 흘러들거든요. 차갑고 깊은 바다에 이산화탄소가 가라앉게 됩니다. 난처하게도 현재 바다가 너무 산성화되어 이산화탄소가 바다에 잘 녹지 않아요. 그만큼 심해에 저장도 못하고 있어 지구 온난화는 더 심해지겠지요.

9 산전수전 두루 겪은 돌의 생애

돌은 너무 흔해서 대수롭지 않게 여기기 쉽지만 '지질학의 교과서'로 불립니다. 지구에서 일어난 사건이 돌에 기록되어 있거든요. 지질학자들이 암석을 채집하는 이유이지요. 지층에서 캐낸 암석이 언제 어디서 어떻게 만들어졌는지 연구하면 지구의 역사를 알 수 있어요. 그런데 그들이 다루는 시간의 단위는 보통 수천, 수억 년입니다. 지층에는 아주 긴 시간이 압축되어 있습니다.

인간의 시간과 달리 암석의 세월은 길게는 수십억 년 전으로 거슬러 올라갑니다. 암석은 단단해서 언뜻 변함없이 늘 그대로인 듯 보이지요. 하지만 하루도 쉬지 않고 변해 왔답니다. 크기와 모양은 물론이고 성분도 변합니다. 비바람에 잘게 쪼개지기도 하고 강한 열과 압력을 받으면 성분이 변하고 녹기도 해요.

지표에서 가장 가까운 곳에 만들어지는 암석은 대부분 퇴적암입니다. 가장 깊은 곳에서는 변성암, 화산 활동이 일어나는 곳에서는 화성암이 만들어집니다.

퇴적암은 비바람, 온도 차, 화학 물질 등에 의해 부서진 퇴적물이 다져져서 굳은 암석입니다. 암석 알갱이뿐 아니라 물에 녹아 있는 물질과 생물 사체가 퇴적되기도 합니다. 주로 강이나 바다에서 생성됩니다. 퇴적물이 층층이 다져지는 경계가 남고 퇴적될 당시의 환경이 보존되기도 하는데요. 대표적인 퇴적암이 바로 석회암이지요.

변성암은 지구 내부의 높은 열과 압력을 계속 받으면서 성질이 변한 암석입니다. 높은 열에 의해 광물 결정이 점점 커져 대리암과 같은 아름다운 무늬를 만들기도 합니다. 강한 압력을 받아 광물 결정이 납작하게 배열되면서 줄무늬가 나타날 수도 있어요.

화성암은 마그마가 굳은 암석입니다. 지구가 생성된 초기에 마그마의 바다에서 굳어진 최초의 암석인데요. 화산 활동이 일어날 때마다 새로 생기고 지표보다 지하에서 천천히 굳으면 광물 결정의 크기가 커집니다.

암석을 연구해 지구의 과거를 알 수 있지만 한계가 있습니다. 지구는 얌전하지 않아요. 지하 깊은 곳의 변성암이나 화성암이 지표로 솟아오르고, 퇴적암이 지하 깊은 곳으로 내려앉기도 합니다. 변성암과 화성암이 비바람에 쪼개져서 퇴적암으로, 퇴적암이 땅속에서 열이나 압력을 받아 변성암이나 화성암이 됩니다. 이렇게 암석은 끊임없이 순환합니다.

현재까지 가장 오래된 암석으로 알려진 아카스타 편마암은 캐나다 북쪽 섬에서 발견되었는데요. 40억 년 전에 생성되었던 변성암입니다. 이곳은 고생대 이후에도 화산 활동이 일어나지 않았고 위쪽 지층이 침식되어 선캄브리아대 지층이 드러난 순상지입니다. 마치 방패를 거꾸로 엎어 놓은 모양과 같아서 방패 순楯 자를 써서 순상지라고 해요. 지질학적으로 안정된 넓은 평원 지대여서 오래전에 만들어졌던 돌이 남아 있는 거죠.

반면에 히말라야같이 화산 활동이 활발한 지역에서 채집되는 암석은 어떨까요? 나이가 어립니다. 암석이 녹았다가 굳어지면서 새로운 암석으로 태어나는 거죠. 자연사의 눈으로 보면 돌도 끊임없이 삶과 죽음을 되풀이하고 있는 것입니다.

흥미롭게도 암석이 새로 태어날 때 특별한 화석을 만들기도 합니다. 지구 자기장의 흔적을 간직해 '화석 자기'로 부르지요. 암석이 생성될 때 자철석같이 자석의 성질을 띠는 광물이 지구 자기장의 방향으로 자화되어 정렬하기 때문인데요. 주로 화산 지대나 해저 퇴적물에서 생기는 화석 자기, 즉 암석 자기(고지자기)는 자연사에 관한 귀중한 정보를 지니고 있습니다.

1872년 영국 챌린저호의 탐험으로 해양학의 기초를 세운 해양 탐사는 제2차 세계 대전 이후 더욱 눈부시게 발전했습니다. 해저 지층의 자기를 연구하는 과정에서 놀라운 사실을 발견했어요. 해저 지각에서 자기의 역전 기록을 찾았는데요. 자성 광물이 정반대 방향으로 배열되는 역전 현상은 주기적으로 반복해 나타났지요. 그런데 암석 자기의 역전 기록이 해령을 중심으로 좌우 대칭을 이루고 있었습니다. 해령에서 생성된 해양 지각이 좌우로 벌어져 해저가 넓어지는 단서를 찾은 거죠.

지질학자들은 유럽과 북아메리카 대륙의 화석 자기를 측정해 과거에 붙어 있던 대륙이 분리되었음을 증명했어요. 나침반의 자침이 지구 자기장의 방향을 가리키는 것처럼 암석 자기도 위도에 따라 기울기가 달라지는데요. 암석 자기의 각도를 분석하면 암석이 생성되었던 당시의 위치와 기후, 판의 이동 경로와 속도 들을 파악할 수 있습니다. 암석은 대륙 이동설을 뒷받침하는 강력한 증거를 기억하고 있었어요.

10 산호초의 의사, 파랑비늘돔의 또 다른 능력

바닷가 모래는 부드럽고 촉촉합니다. 모래밭에 누워 일광욕을 즐기거나 모래찜질도 하지요. 모래성을 쌓는 놀이는 상상만 해도 즐거워요. 그런데 모래를 날마다 만들어 내는 물고기가 있습니다. 물고기가 모래를 만든다니 언뜻 이해하기 어렵지요. 대체 어떻게 만들까요.

물고기가 하루도 빠짐없이 모래를 만드는 자연의 비밀을 찾으려면 파랑비늘돔을 만나야 합니다. 화려한 색채를 뽐내 눈에 잘 띄는 물고기입니다. 앵무새 부리를 닮아 앵무고기로도 불리는 패럿피쉬*Sparisoma cretense*이지요. 몸길이 50~100센티미터 정도로 열대 바다에서 살고 있습니다. 우리나라 남해 바다에도 살고 있어요.

사람을 그다지 경계하지 않아 열대 바다에선 바로 옆에서 관찰할 수 있습니다. 앵무새 부리 같은 입에 촘촘한 이가 드러나 있지요. 생물학자들에 따르면 어금니가 하도 단단해서 20년 이상 수명

파랑비늘돔.

을 다할 때까지 닳지 않는다고 합니다.

파랑비늘돔과에 속한 어류는 80여 종인데 우리가 눈여겨볼 곳은 '산호초'입니다. 파랑비늘돔이 화사하게 산호초 사이를 돌아다니며 산호초를 관리합니다. 산호가 건강하지 못할 때 산호에게 해로운 미생물이 달라붙거든요. 바로 그 미세 조류와 남세균을 파랑비늘돔이 먹어 치웁니다. 촘촘하게 난 이빨로 착 달라붙은 미생물을 긁어 먹어 산호가 건강을 회복하도록 도와줍니다. 그래서 '산호초의 의사'로 불리기도 합니다.

파랑비늘돔은 강력한 이빨로 산호초를 잘게 부숴 먹어요. 그렇다고 산호를 걱정할 필요는 없습니다. 해조류에 덮인 죽은 산호와 해초를 주로 먹기 때문에 오히려 산호를 깨끗하게 해 줍니다. 산호초의 의사가 살지 않는 바다에선 산호초가 해조류와 해초에 금세 뒤덮인다고 하지요.

물고기를 즐겨 먹는 사람들은 파랑비늘돔을 죽기 전에 먹어야 할 세계 음식의 하나로 꼽기도 하는데요. 비늘을 벗겨 내면 하얀 속살의 풍미가 일품이라나요. 하지만 과학자들은 식용으로 써서는 안 된다고 주장합니다. 파랑비늘돔을 보호하지 않으면 산호가 피해를 입어 바다 생태계가 망가지고 기후 온난화가 더욱 심각해지기 때문이지요.

함부로 잡아먹어서는 안 될 이유가 그뿐은 아닙니다. 파랑비늘돔이 바닷가의 모래를 만듭니다. 산호초를 보려고 바다 속에 있다 보면 파랑비늘돔이 죽은 산호초를 부숴서 씹어 먹는 소리도 들을 수 있습니다. 입 속으로 들어간 산호초와 바위 부스러기가 소화기관을 거치면 고운 모래가 됩니다. 이렇게 만든 모래가 바로 파랑비늘돔의 똥인 거죠.

파랑비늘돔 한 마리가 1년 동안 내보낸 똥은 평균 100킬로그램이라고 합니다. 그만큼의 자연 모래가 지구에 생겨나는 거죠. 몰디브, 하와이 해변의 아름답고 새하얀 모래톱이 이렇게 만들어졌어요. 산호, 조개, 새우 등 바다 생물이 살아가는 모래밭이 넓어지지요. 생물이 자연환경의 영향을 받기만 하는 게 아니라 자연환경을 직접 만드는 거죠.

눈부신 활동을 한 파랑비늘돔은 밤이 오면 충분히 쉬어야겠지요. 그런데 바다에는 야행성 포식자들이 많답니다. 산호초에 숨는 것만으로는 상어 같은 포식자들의 공격으로부터 안전하지 않습니다. 파랑비늘돔은 보호용 점액을 분비해 몸을 감쌉니다. 점액이 투명해서 위험하지 않냐고요? 아닙니다. 몸을 감싼 점액이 고약한 냄새를 풍기거든요. 그렇게 안전하게 밤을 보내고 다시 햇살이 바다 속을 비추면 산호초의 의사는 바다 이곳저곳을 관리하며 식사를 마치고 '화장실'에서 부드러운 모래를 만듭니다. 화사한 색깔만큼이나 사랑스러운 물고기 아닌가요?

11 자연사의 타임캡슐, 빙하

자연사박물관에서 가장 화려한 전시물은 아마 광물일 거예요. 광물은 돌의 알갱이입니다. 투탕카멘의 황금 마스크는 수천 년이 지나도 거의 변색되지 않았습니다. 금은 불멸의 상징이지요. 광물 중 제일 강도가 센 다이아몬드를 연마하면 매혹적인 광채가 나는 가장 값비싼 보석으로 탄생합니다. 다이아몬드는 아주 깊고 뜨거운 땅속에서 매우 강한 압력을 받아 생성된 탄소 광물이에요.

강대국들은 수많은 세월에 걸쳐 식민지에서 광물 자원을 약탈했어요. 광물의 활용도가 무궁무진하기 때문이지요. 철, 리튬 같은 금속 자원뿐 아니라 시멘트나 종이, 물감, 반도체의 재료도 광물에서 얻습니다. 희토류 광물은 첨단 과학 기술에 필수적입니다.

광물은 생태계의 자원이기도 합니다. 식물과 균류, 토양 생물뿐 아니라 해양 미생물, 해조류 들에게도 무기질의 영양소를 공급합니다. 만약 광물이 담긴 비옥한 흙이 없다면 지구 생태계는 존재하지 않았겠지요.

돌멩이를 들여다보면 광물이 보입니다. 갖가지 색을 띠는 작은 알갱이가 바로 광물이거든요. 무심코 밟고 다니는 돌멩이를 찬찬히 들여다보면 참 예쁘다는 걸 새삼 알게 될 거예요. 광산에서 캐낸 커다란 광물을 보면 아름다움에 입이 딱 벌어집니다. 투명한 빛깔에서 푸른빛, 붉은빛, 검은빛에 이르기까지 찬란합니다. 예술가들이 창작의 영감을 자아내기에 충분하지요.

광물은 5000종류가 넘지만 대부분의 암석은 6가지 광물로 이루어져 있어요. 제일 많은 광물은 도자기를 구울 때 사용하는 장석입니다. 반짝이는 모래알의 석영도 흔하지요. 휘석, 흑운모, 각섬석은 검은색을 띱니다. 초록색 감람석은 지각뿐 아니라 맨틀에도 아주 풍부합니다.

대부분의 광물은 규소Si로 된 규산염 광물이지요. 규소는 영어로 실리콘인데 다른 원소와 화학적으로 결합하는 팔이 4개로 다양한 화합물을 만들 수 있습니다. 지각과 맨틀의 주요 성분인 거죠. 식물성 플랑크톤 중 가장 흔한 규조류의 껍질도 실리콘이지요. 탄소도 팔이 4개인데 규소보다 더욱 복잡한 화합물인 생물을 만들어요. 지구 생물은 탄소 생명체입니다. 지구는 규소와 탄소를 뼈대로 만들어진 생기 넘치는 화학 공장인 셈이지요.

빙하의 모습.

특유의 아름다운 광채가 변하지 않고 단단하며 희귀한 광물을 가공해 보석을 만드는데요. 보석 중에는 광물이 아닌 것도 있어요. 진주는 생물체가 만들었기 때문에 광물이 아니지요.

광물을 과학적으로 정의하면 '자연에서 만들어져 일정한 화학 조성과 결정 구조를 지닌 무기물 고체'입니다. 석탄은 고대 생물체가 퇴적된 유기물 암석이므로 광물이 아니겠지요. 그럼 빙하는 어떨까요. 눈이 쌓여 만들어진 얼음 결정체이지요. 광물입니다.

빙하는 극지방이나 높은 산에서 녹지 않은 만년설이 쌓여 만들어진 단단한 얼음입니다. 중력의 영향으로 천천히 아래로 이동하면서 지표면에 깊고 웅장한 자취를 남기지요. 그 안에는 공기와 먼지, 세균, 꽃가루, 화산재, 중금속 들이 들어 있어요. 빙하를 분석하면 퇴적 당시의 기후와 지각 변동, 생물의 변화를 알 수 있습니다.

빙하 코어는 빙하를 파이프로 뚫어 채취한 수천 년 된 얼음 기둥입니다. 여기에는 여름과 겨울에 퇴적되는 적설량의 차이로 생기는 나이테가 있어서 생성 시기와 계절 변화를 알 수 있지요. 빙하 코어로 분석한 과거의 기후 변화와 빙하에 갇힌 대기 성분을 비교한 결과 빙하 속 이산화탄소와 메테인(메탄)CH_4 가스의 농도가 높을수록 지구의 기온이 높다는 사실을 알게 되었습니다.

남극에서 채취한 3000미터의 얼음 기둥에 무려 80만 년의 기후 변화가 기록되어 있었어요. 빙하학자들은 빙하의 공기 방울에 들어 있는 온실 기체의 농도가 산업화 이후 매우 빠른 속도로 높아졌다는 사실을 밝혔습니다. 불과 250년 동안 이산화탄소는 50퍼센트, 메테인 가스는 2.5배 이상 치솟았어요. 빙하 속 타임캡슐에는 가속화되는 지구 온난화의 미래를 경고하는 강력한 메시지가 들어 있었습니다.

12 한반도와 일본 열도는 하나의 땅이었다

우리가 살고 있는 한반도는 지질 시대에 지각 변동이 활발했고 지층에 쌓인 돌들도 각양각색입니다. 선캄브리아대 지층은 주로 변성암입니다. 오랜 시간 열과 압력을 받아서 그렇지요. 함경도, 경기도와 강원도, 경상도에 분포합니다. 각각 낭림육괴, 경기육괴, 영남육괴라 부르며 안정된 3곳의 육지는 최초로 한반도를 이뤘던 땅입니다.

한반도에서 가장 오래된 변성암은 25억 년 전에 만들어졌습니다. 최고령 암석은 인천의 대이작도와 소이작도에서 발견되었어요. 그 이전의 변성암은 암석의 순환으로 인해 찾기 어렵습니다. 19억 년 전의 변성암이 가장 흔해 한반도의 기반암을 이루고 있습니다. 기나긴 세월 동안 비바람에 풍화되어 흙산으로 남아 있는데 능선이 완만한 오대산과 지리산이 대표적이지요.

고생대 초기에 한반도의 남부 지역 외에는 거의 바다였습니다. 평안도와 강원도 태백산 분지에서 따뜻하고 얕은 바다에 번성했던 삼엽충, 산호, 조개류 들이 퇴적된 석회암에서 발견되지요. 고생대 중기에 한반도가 융기하기 시작했어요. 이 시기에 태백산 분지에는 지층이 없는 공백(대결층)이 나타나기도 합니다. 고생대의 마지막 시대인 페름기에 한반도 전체가 육지로 변했습니다. 고생대 후기~중생대 초기에 무성하게 번성했던 양치식물이 퇴적되어 석탄층을 형성했습니다. 강원도에서 석탄이 많이 나온 까닭입니다.

이때 지구는 하나의 초대륙, 판게아를 형성한 후 다시 쪼개지는 사건이 일어났습니다. 북반구의 로라시아 대륙과 남반구의 곤드와나 대륙이 초대륙을 형성했다가 다시 분리되었지요. 그에 앞서 동아시아 땅덩어리들(중국과 한반도를 이루는 중한 지괴, 남중 지괴)은 고생대 초 적도 부근 곤드와나 대륙의 가장자리에 있었는데요. 그곳에서 떨어져 나와 북상하기 시작했습니다. 그 후 판게아가 형성되고 다시 분리되는 동안에도 한반도의 지괴들은 계속 북반구로 이동해 큰 충돌을 일으키며 합쳐진 뒤 거듭 시베리아 지괴와 부딪쳤습니다. 중생대 중반이 되어서야 비로소 한반도의 지형이 만들어졌어요.

중생대에 대규모 화산 활동이 일어났습니다. 높은 산맥을 형성하는 활발한 조산 운동으로 한반도 곳곳에 관입된 마그마의 흔적

금강산의 풍경을 그린
정선의 〈금강전도〉.
진경 산수화의 대표작이다.

이 남아 있지요. 중생대의 화강암이 선캄브리아대 변성암과 함께 한반도의 기반암을 이루고 있습니다. 금강산, 설악산, 북한산의 수려한 산세는 화강암의 기품을 고스란히 보여 주지요. 화강암은 지하 깊은 곳에서 마그마가 굳어진 암석으로 점성이 높고 밝은색을 띠는 석영이 많아요. 높고 웅장한 돌산의 형태를 만듭니다. 화강암

돌산은 그것을 덮었던 선캄브리아대 변성암이 오랜 세월에 걸쳐 비바람에 깎여 나가 한 폭의 진경 산수화가 드러난 격이지요.

중생대 백악기의 퇴적암이 경상도와 전라도에 폭넓게 분포합니다. 경상누층군이라고 하는데요. 풍요로운 호수가 발달한 퇴적 분지로 공룡 뼈, 공룡 알, 공룡 발자국 들의 화석이 많아요. 한반도가 공룡의 '놀이터'였다고 할 정도로 매우 다양한 발자국 화석을 발굴하고 있습니다. 공룡의 몸집과 생태를 추정할 수 있는 긴 행렬의 발자국(보행렬) 화석은 과학적 가치가 매우 높아요.

공룡이 살던 중생대까지 한반도와 일본 열도가 하나였습니다. 최근 연구에 의하면 한국 삵*Prionailurus bengalensis*과 일본의 외딴 섬에 살고 있는 이리오모테 삵*Prionailurus bengalensis iriomotensis*이 같은 살쾡이종에 속한다고 해요.

한반도의 동쪽이 높아진 동고서저의 지각 변동은 신생대에 일어났습니다. 백두 대간을 따라 산맥이 동쪽으로 기우는 비대칭적 구조가 형성되었지요. 신생대의 가장 큰 변화로는 우리 땅에서 일본 열도가 떨어져 나간 걸 꼽을 수 있습니다. 태평양판이 후퇴하면서 한반도와 러시아에 걸쳐 있던 대륙이 뜯겨져 나가 일본 열도로 분리되었거든요. 그 사이로 단층 작용이 일어나고 바닷물이 들어와 동해가 만들어졌어요. 화산이 분출해 독도, 백두산, 울릉도, 제주도가 생겼습니다. 신생대 제4기에 빙기와 간빙기가 되풀이되었고 마지막 빙기가 절정이던 2만 년 전에는 현재보다 해수면이 100미터 이상 낮아 서해와 남해는 대부분 육지였습니다. 판의 이동으로 판의 경계가 한반도에서 일본 열도로 이동했습니다.

그 이후 오늘날까지 한반도에선 큰 지각 변동을 거의 찾을 수 없는데요. '불의 고리'에 위치한 일본 열도에서는 지진이 자주 일어납니다. 불의 고리란 전 세계 지진의 90퍼센트 이상이 일어나고, 또 지난 1만 년 동안 가장 강력했던 지진이 일어났던 환태평양 조산대를 일컫는 말입니다. 우리는 이 불의 고리에 속하지 않지만 마냥 안심할 수 없습니다. 2011년 일본에서 일어난 도호쿠 대지진의 영향으로 한반도 전체가 동쪽으로 3센티미터 이동했다고 합니다. 일본 열도와 분리된 신생대 단층과 화산 활동으로 쪼개진 중생대 백악기 단층은 비교적 최근 형성된 단층으로 매우 불안정할 가능성이 있기 때문입니다.

02.

생명과 진화

만약 단단한 돌 표면으로 된 지구형 행성이 아니었다면
공룡 화석과 만날 수 있었을까요.
돌은 생명체의 지문을 간직하고 있어요.

13 그 아름답고 한계가 없는 이름

찰스 다윈.

가장, 아름답고, 경이롭고, 무한하고, 장엄한! 이렇게 더할 나위 없이 거의 완벽에 가까운 의미의 형용사들로 격찬 받은 그것이 무엇일까요. 또 그렇게 찬미한 과학자는 누구일까요. 그 과학자는 바로 찰스 다윈Charles R. Darwin(1809~1882)입니다. 그럼 그것이 무엇인지 짐작할 수 있겠지요. 바로 생명의 전개, 진화입니다. 다윈은 1859년 출간한 『종의 기원』의 끝 단락을 이렇게 맺었습니다.

> 처음에 몇몇 또는 하나의 형태로 숨결이 불어넣어진 생명이 불변의 중력 법칙에 따라 이 행성이 회전하는 동안 여러 가지 힘을 통해 그토록 단순한 시작에서부터 가장 아름답고 경이로우며 한계가 없는 형태로 전개되어 왔고 지금도 전개되고 있다는, 생명에 대한 이런 시각에는 장엄함이 깃들어 있다.

진화론은 인류에게 엄청난 충격을 주었습니다. 그때까지 대다수 서양인들은 기독교의 영향 아래 신이 인간을 창조했다고 믿고 있었거든요. 동아시아에 큰 영향을 끼친 유교도 인간을 금수禽獸와 확연히 구분했습니다. 금수만도 못하다는 말이 가장 큰 욕설이었어요. 금수는 날짐승과 길짐승을 뜻합니다.

하지만 진화론은 인간을 다른 동물의 연장선에서 파악합니다. 다윈은 『종의 기원』에서 "나는 그것들이 하나의 공통 조상으로부터 내려온 자손이라고 믿는 것이 얼마나 어려운지를 충분히 공감"한다고 적었지요. 그래서 진화론을 입증할 수 있는 증거로 오랜 세월에 걸쳐 관찰하고 꼼꼼하게 기록한 자료들을 모두 담아 책을 썼습니다.

지극히 당연하게 여겼던 다른 생명체에 대한 편견과 차별의 장

애물을, 진화론은 넘어섰지요. 생물의 조상이 누구인지, 인간이 다른 생물과 어떻게 이어져 있는지, 또 생명 현상이 얼마나 다채로우며 변화무쌍한지 일깨워 주었습니다. 다윈은 생사를 좌우하는 자연 선택의 운명 속에서 치열하게 전개되는 생명의 역사가 이루 말할 수 없이 장엄하다고 감탄했습니다. 인간을 포함해 암수의 고등동물이 자손을 남기기 위해 성 선택의 압력 속에서 필사적으로 살아가는 삶의 현장을 가감 없이 기록했습니다. 그를 맹렬히 반대하거나 비웃는 사람들이 있었지만 다윈은 죽을 때까지 자연에 대한 탐구 활동을 멈추지 않았어요.

적잖은 이들이 오해하지만 약육강식은 다윈의 진화론에 없는 내용입니다. 적자생존은 환경에 적응하는 종이 살아남는다는 의미일 뿐 약하고 강하고를 따지지 않거든요. 19세기 말과 20세기 초에 걸쳐 강대국들이 제국주의를 정당화하는 수단으로 등장한 '사회적 다윈주의'는 다윈의 이름을 내걸며 진화론을 왜곡했습니다.

다윈 이후 진화론을 과학적으로 뒷받침한 것이 유전학입니다. 1953년 제임스 왓슨James D. Watson(1928~)과 프랜시스 크릭Francis H. C. Crick(1916~2004)이 DNA의 이중나선 구조를 발견한 이후 아메바보다 더 원시적인 생물이 38억 년 동안 수십억 종으로 갈라지고 변화하는 원리를 분자 계통학적으로 파악할 수 있게 되었습니다. 유전자의 변이는 물론, 감수 분열로 생식 세포가 만들어질 때마다 늘 일어나는 유전자의 재조합 과정이 선명히 밝혀졌습니다. 예측할 수 없이 무작위로 일어나는 변이가 다음 세대로 어떻게 유전되는지 알게 되었지요.

1976년 리처드 도킨스Richard Dawkins(1941~)는 그의 저서 『이기적 유전자』에서 이타적 행동이 일어나는 원리를 유전자 풀을 통해 설명했어요. 유전자 풀은 생물 집단의 유전자 총합입니다. 유전자 풀에 속하는 이기적 유전자가 자연 선택에 유리한 방향으로 작동한다는 것입니다. 설령 당장은 개체에 불리한 이타적 행동이 장기적으로 후대에 번성하는 데 더 유리하다면 유전자는 기꺼이 이타적 전략을 사용한다는 거죠. 생물 집단의 유전자 풀에 속한 유전자가 나도 모르게 내 삶을 지배한다는 충격적인 주장은 격한 논쟁을 불러일으켰어요.

집단 유전학은 개체의 유전자가 유전자 풀에서 어떻게 작동하는지 밝혀냈는데요. 소수 집단의 유전자는 우연히 일어나는 급격한 유전적 변동에 더 큰 영향을 받게 됩니다. 자연 선택의 압력과는 관계가 없는 우연적 변이는 환경에 적응하는 데 불리할 수도 있고 유리할 수도 있지요. 이런 우연적인 변이를 유전적 부동이라 하지요. 생사의 갈림길에서 가까스로 살아남아 극한의 환경에 고립된 생물들은 우연한 변이에 크게 노출되는데요. 급격한 자연의 변화가 우연적이고 급작스러운 유전적 변이를 발현시키는 요인이 될 수 있습니다. 대부분의 생물종이 사라지는 대멸종의 틈새에서 진화가 일어나는 까닭을 좀 더 잘 이해할 수 있게 되었어요.

생명 현상을 분자 수준에서 연구하는 분자 생물학의 발달로 DNA, RNA, 단백질이 다음 세대에서 어떻게 변하는지 분자 진화의 과정이 드러나고 있습니다. 유전자 염기 서열과 아미노산 서열을 비교해 생물 사이의 유연관계(생물종의 특성으로 파악한 혈통 관계)를 추정하고 이를 바탕으로 생명의 계통수를 더욱 정확하고 정밀하게 작성합니다. 계통수는 유연관계를 바탕으로 생물의 진화 과정을 나타낸 나뭇가지 모양의 도표입니다. 생물학의 발달로 자연사에서 벌어졌던 생명체의 등장과 번성, 그리고 멸종을 진화적 관점에서 여실히 볼 수 있게 된 셈이지요.

이제 자연사에서 진화가 어떻게 전개되었는지 구체적으로 살펴볼까요.

14 너무 어려운 지질 시대 이름들

과학책을 읽을 때나 자연사박물관에서 지질 시대라는 말을 들으면 갑자기 뜨악할 때가 있어요. 지질 시대 이름들이 너무 낯설기 때문입니다. 선캄브리아대, 캄브리아기, 쥐라기, 백악기 등등입니다. 대체 이런 어려운 이름을 누가 지었고, 그 뜻은 무엇일까요.

19세기 유럽 지질학자들은 수집한 화석이 계속 박물관에 쌓이자 화석을 순서대로 배열하기 시작했습니다. 지층이 쌓인 순서와 화석의 변천을 대조해 지질 시대를 구분하고 이름을 붙이기 시작했습니다. 특정한 지층에만 폭넓게 묻혀 있어 시대를 구별할 수 있는 화석을 발견했거든요. 표준 화석이라고 하지요. 뒤집어 보면 한 시대를 풍미하다 영원히 사라진 화석입니다. 고생대의 삼엽충, 중생대의 공룡과 암모나이트, 신생대의 화폐석과 매머드가 대표적이지요. 지층의 앞뒤 순서를 상대적으로 비교했던 지질 시대의 연구는 20세기 들어 방사성 동위원소를 이용하면서 지층의 정확한 나이를 밝히게 되었습니다.

선캄브리아대는 고생대 최초의 시기인 캄브리아기에 앞선 시대를 통틀어 부르는 명칭입니다. 지구 역사의 86퍼센트를 차지하는 가장 긴 시간이지요. 고생대의 제일 오래된 지층은 영국의 웨일스 지역에서 처음 발견했습니다. 웨일스의 옛 이름이 바로 캄브리아예요. 지금도 캄브리아 산맥이 웨일스 중앙부에서 남북으로 뻗어 있습니다. 캄브리아는 웨일스어로 '형제의 땅'이라는 뜻이지요.

고생대의 오르도비스기와 실루리아기는 화석 발견지에서 살았던 종족의 이름에서 따왔습니다. 각각 웨일스 지역에서 용맹을 떨친 켈트족 원주민의 이름에서 유래했습니다. 오르도비스는 '망치를 든 전사'라는 뜻이고, 실루리아기의 유래가 된 실루레스는 '조상의 후손'이라는 뜻으로 추측됩니다.

데본기는 화석 발견지인 영국 남부의 데본 지역에서 비롯되었습니다. '깊은 계곡'이란 뜻이랍니다. 석탄기는 지층에 석탄이 많아 붙인 이름이고 페름기는 러시아 우랄산맥에 자리한 페름 지역의 지층에서 화석들을 발견해 지은 이름입니다. '멀리 떨어진 땅'이란 뜻이지요.

중생대의 트라이아스기는 삼첩기라고 부르기도 하는데요. 독일 남부의 지층에 붉은색 사암, 흰색 석회암, 갈색 사암의 세 지층

조반니 아르뒤노.

이 겹쳐 있어서입니다. 쥐라기는 스위스와 프랑스에 걸쳐 있는 쥐라산맥에서 이름을 따왔지요. 쥐라는 '숲'을 의미해요. 공룡이 전성기를 누리다가 멸종했던 백악기는 하얀 인편모조류(식물성 플랑크톤의 한 종류)가 퇴적된 흰색의 해안 절벽인 백악에서 발굴해 지은 이름입니다.

신생대는 고진기, 신진기, 제4기로 나눕니다. 고진기는 오래된 기원, 신진기는 새로운 기원이라는 뜻입니다. 제4기는 지질 시대를 처음 구분한 지질학자 조반니 아르뒤노Giovanni Arduino(1714~1795)가 명명한 용어를 그대로 사용한 것입니다. 신생대를 구분한 이름은 특정 지역이나 원주민의 이름보다 포괄적인 이름이지요.

15 생물의 멸종과 탄생, 그리고 지질 시대

겨우 200년 전만 해도 과학자들은 지구의 역사를 수천 년쯤으로 생각했습니다. 그러나 지구 암석과 운석에 포함된 방사성 물질을 연구하면서 지구의 나이가 수십억 년이라는 것을 알게 되었습니다. 46억 년 지구의 시간 속에서 생명의 시간은 어떻게 흘렀을까요.

지구의 시간은 선캄브리아대, 고생대, 중생대, 신생대로 이어졌는데요. 선캄브리아대는 기원전 46억 년~기원전 5억 4200만 년(약 40억 년간), 고생대는 기원전 5억 4200만 년~기원전 2억 4500만 년(약 3억 년간), 중생대는 기원전 2억 4500만 년~기원전 6500만 년(약 1억 8000만 년간), 신생대는 기원전 6500만 년~인류가 등장하기 전인 기원전 1만 년(약 6500만 년간)까지입니다. 또 기원전 1만 년 이후 현재까지 인류의 역사를 신생대에 포함시켜 지질 시대의 연장선에서 파악하는 학자들도 있습니다.

지질 시대를 이렇게 나눈 기준은 무엇일까요. 지구는 활기차고 역동적인 행성이며 다른 천체와 끊임없이 영향을 주고받고 있습니다. 아득한 선캄브리아대에 극에서 적도까지 지구 전체가 빙하로 덮이기도 했습니다. 혹독한 시대로 지구는 커다란 '눈덩이'였지요. 그러다가 소행성이 충돌하는 끔찍한 위기를 겪기도 했고 화산 활동과 대륙 이동이 끊이지 않았어요. 지금도 여전히 빙하기와 간빙기를 반복하고 있습니다. 내적으로, 외적으로 일어나는 크고 작은 지구 환경의 변화가 쌓이면서 생물들이 출현하고 번성했다가 멸종했습니다. 46억 년 동안 지구의 극심한 지각 변동은 생물의 대멸종을 불러와 생물계에 급격한 변화가 일어났습니다. 이렇게 번성했던 생물의 급격한 변화를 기준으로 지질 시대를 구분하지요.

지구 생물이 거의 사라지는 대멸종은 지금까지 5번에 걸쳐 일어났습니다. 선캄브리아대에는 화석이 풍부하지 않아 대멸종을 추정하기 어려워요. 고생대의 대멸종부터 살펴볼까요.

고생대 캄브리아기가 시작되면서 해양 무척추동물이 빠르게 번성했는데요. 오르도비스기에 척추동물인 어류가 등장했고 1차 대멸종으로 85퍼센트의 생물종이 사라졌습니다. 실루리아기를 맞아 육상 식물이 등장했습니다. 붉은색을 띠던 육지가 푸르게 변하기 시작했고 바다에는 원시 어류의 시대가 열렸지요. 데본기에 어류가 전성시대를 누렸고 척추동물이 육지에 적응하면서 양서류가

페름기 사건으로 멸종된 삼엽충 화석.

등장했습니다. 하지만 2차 대멸종이 일어나 70퍼센트의 생물종이 자취를 감췄어요. 이어진 석탄기에 양치식물과 거대 곤충이 번성했고 양서류의 시대가 펼쳐졌으며 파충류가 등장했습니다.

양서류의 전성기였던 페름기에 겉씨식물이 등장했으나 지구는 초대륙을 형성하면서 극심한 환경 변화와 생존 경쟁으로 3차 대멸종이 일어났습니다. 생물종의 95퍼센트가 죽었지요. 페름기 사건은 '대멸종의 어머니'로 불릴 만큼 자연사에서 가장 큰 대멸종으로 그때 삼엽충이 완전히 전멸했습니다.

중생대는 육상에 완전히 적응한 파충류의 시대입니다. 트라이아스기에 파충류가 번성했고 포유류가 등장했습니다. 그러나 4차 대멸종이 일어나 80퍼센트의 생물종이 목숨을 잃었습니다. 이어 쥐라기에 본격적인 공룡 시대가 펼쳐졌고 조류가 나타났습니다. 백악기 공룡의 황금시대에 속씨식물이 폭발적으로 등장했고 다시 5차 대멸종으로 비조류 공룡을 비롯해 75퍼센트의 생물종이 멸종했어요. 비로소 신생대, 포유류와 조류와 속씨식물의 시대가 열렸습니다.

고생대는 해양 무척추동물에서 어류, 양서류가 번성했던 시기이며 중생대는 파충류의 시대이고 신생대는 포유류와 조류의 시대로 요약할 수 있습니다. 물론 이와 같은 동물의 진화는 바다 미생물이 육상 식물로 진화하면서 만들어 놓은 풍요로운 먹이 사슬의 기반 위에서 전개되었습니다. 고생대에 3번, 중생대에 2번 일어났던 대멸종뿐 아니라 일부 생물의 화석이 지층에서 영원히 사라지는 사건은 끊임없이 일어났어요. 생물들은 환경의 대격변에 적응하지 못하고 대부분 멸종했습니다. 그러나 놀랍게도 멸종의 틈새에서 환경에 적응한 생물이 등장하고 진화해 지금까지 생명의 불꽃을 이어 가고 있습니다.

16 똥 화석과 공룡

화석 탐구는 과거에 살았던 생물을 연구하는 첫걸음입니다. 그러나 화석을 찾기는 쉽지 않지요. 화석을 발굴하는 행운을 얻으려면 먼저 퇴적암 지층을 찾아야 해요.

화석에는 뼈처럼 생물체의 단단한 조직이 광물화된 체화석뿐 아니라 발자국같이 생활 흔적이 남은 생흔 화석이 있습니다. 벌레 먹은 나뭇잎 화석을 발견했다면 나뭇잎의 체화석과 그걸 먹이로 하는 곤충의 생흔 화석을 찾은 거예요.

흔하지 않지만 흥미로운 생흔 화석이 있는데요. 바로 똥 화석입니다. 똥이 어떻게 화석이 될 수 있느냐고요? 썩지 않은 똥의 빈틈으로 미세한 광물 입자가 스며들어 서서히 광물로 치환되면서 입체적 형태를 유지하게 된 거죠. 이를 '광충 작용'이라 합니다.

초식 동물의 똥 화석은 둥글둥글합니다. 안에 소화되지 않은 풀 화석이 남아 있기도 해서 당시 식물 생태의 단서가 되기도 합니다. 한편 공룡의 제왕인 티라노사우루스의 식성을 알려면 먼저 이

영국 맨체스터 박물관에 전시된
티라노사우루스.

빨과 발톱 화석을 살펴봐야 합니다. 다른 육식 공룡에 비해 이빨과 발톱 모두 단연 크고 강력하지요. 몽키 바나나 크기의 복제 이빨 옆면을 만져 보면 미세한 돌기가 톱날처럼 우툴두툴합니다. 그런데 티라노사우루스의 식성을 알려 주는 더 섬세한 자료가 있습니다. 똥 화석입니다. 살점을 뜯어 먹었던 대부분의 육식 공룡과 달리 티라노사우루스는 뼈까지 씹어 먹었다는 사실을 알게 되었지요. 똥 화석 속에 뼛조각 화석이 들어 있었거든요. 길쭉한 똥 화석 생김새로 미루어 보면 티라노사우루스의 창자 모양도 짐작할 수 있습니다.

티라노사우루스가 육식 공룡이라는 증거는 강력한 이빨, 발톱, 턱뼈와 같은 체화석뿐 아니라 생활 흔적을 지닌 똥 화석으로 확인되는 거죠. 발가락뼈와 다리뼈 체화석과 함께 생흔 화석인 발자국 화석의 크기와 보폭으로 몸집, 골반의 위치, 달리는 속도, 서로 소통하는 관계 들을 가늠합니다. 생흔 화석에서 공룡의 모습이 찬찬히 드러납니다. 공룡처럼 거대한 생물체의 화석은 전체 모습 그대로 온전하게 발굴되기 어려워 더욱 그렇지요.

그럼 지구 온난화로 요즘 시베리아나 알래스카에서 많이 발견되는 매머드 뼈는 화석일까요. 엄밀히 말하면 아닙니다. 생물의 뼈나 흔적이 돌처럼 암석화된 화석과 달리 냉동 건조된 뼈랍니다. 뼈, 이빨뿐 아니라 피부도 발견했는데요. 그 안에 염색체가 남아 있어 유전 연구에 활기를 띠고 있습니다.

사실 지구에서 살았던 생물종의 거의 99퍼센트는 화석이 되지 않습니다. 화석이 될 확률은 아주 희박하지요. 대개 단단한 골격이나 껍질을 지녀야 하고 미생물에 분해되지 않아야 하며 수없이 반복되는 지각 변동 과정에서 생기는 열과 압력을 피해야 하니까요. 게다가 발굴되려면 지표 근처에서 비바람에 풍화되지 않은 채 노출되어야 합니다. 대부분 화석은 퇴적암이 형성되는 바다 지층에서 발견되는데요. 강이나 바다에서는 사체에 퇴적물이 빠르게 쌓여 썩지 않는 거죠.

화석의 원형을 보존하며 채집하는 일은 강인한 끈기가 필수적입니다. 고생물학자가 멋진 화석을 발굴했을 때의 기분은 마치 과거에 살았던 생물을 되살리는 것 같은 기쁨이라고 합니다. 수십 년에 걸쳐 발굴된 화석도 있어요. 화석의 특징을 토대로 생물종으로 분류하는 작업은 쉽지 않은 일입니다. 유리 섬유와 같이 가벼운 물질로 화석을 본뜬 복제본을 만들어 전시하는데요. 레플리카라고 하지요. 몸에 난 상처까지 정교하게 재현하는 것은 물론이고 화석에서 발견되지 않은 부분까지 복원하는 작업은 그동안의 과학적 성과를 바탕으로 이루어집니다. 이처럼 자연사 연구의 한 장 한 장에는 수많은 사람들의 진한 땀방울이 배어 있습니다.

17 최고로 경이로운 화석

지구에서 생물이 살기에 적합한 환경이 되었던 시기는 지구가 생성되고 8억 년이 지나서입니다. 38억 년 전 펄펄 끓던 지구가 식으면서 형성된 원시 지각에 대기의 수증기가 응결되어 내린 비로 바다가 생겼어요. 바다에는 영양소가 풍부했습니다.

선캄브리아대 바다에서 처음 출현했던 생명체는 아주 작고 원시적인 세포였어요. 그 시기는 지질 시대 가운데 가장 긴 시간을 차지하지만 생물체의 흔적이 거의 남아 있지 않습니다. 생명체들이 화석으로 변할 수 있는 조직이나 기관을 아직 지니고 있지 못했기 때문이지요.

그럼에도 선캄브리아대에 소문난 화석이 있는데요. 스트로마톨라이트입니다. 현재까지 발견된 화석 중 가장 오래된 화석이지요. 35억 년 전 지구에 등장했던 남세균*Cyanobacteria* 화석입니다. 남세균은 말 그대로 청록색을 띠는 단세포 세균으로 아주 작아서 눈에 보이지 않아요. 실 모양의 군체를 이루어 살아갑니다.

미국 뉴욕주 레스터 공원의 스트로마톨라이트.

인천 소청도의 스트로마톨라이트.

스트로마톨라이트를 만져 보면 돌덩이 느낌인데요. 퇴적물과 남세균 군체가 교대로 층을 이뤄 양배추 모양, 옥수수 모양입니다. 보이지도 않을 정도로 작고 물렁물렁한 세포가 어떻게 화석이 되었을까요. 그 비밀은 남세균의 끈적끈적한 분비물에 있습니다. 밤이 되면 끈끈한 몸에 물속 모래와 진흙 입자가 달라붙고, 낮에는 광합성을 하려고 그 위로 남세균이 자라거든요. 무기물과 유기물이 층층이 쌓이면서 나이테 모양을 이룹니다. 결코 만만한 일이 아니에요. 한 뼘 정도 쌓이는 데 수백 년이 걸리니까요.

우리나라 여러 곳에 스트로마톨라이트 화석이 있습니다. 인천 소청도에는 10억 년 전의 남세균 화석이 있는데 얼굴에 하얗게 분을 바른 듯 희게 보여서 분바위라고 불러요.

남세균은 최초로 녹색 엽록소를 지닌 광합성 생물입니다. 광합성은 햇빛, 이산화탄소, 물H_2O을 이용해 포도당$C_6H_{12}O_6$과 산소O_2를 만드는 작용입니다. 보통 세균은 바다 속 영양소를 합성해 살아가는데 남세균은 태양 에너지를 이용해 영양분을 만들었어요. 제한된 바다 속 물질을 이용하는 세균들에 비해 훨씬 생존에 유리했습니다.

남세균은 광합성으로 스스로 영양소를 합성하고 부산물로 산소 기체를 만들었습니다. 소금기가 많아 천적이 살 수 없는 호주의 얕은 바닷가에서 살아 있는 스트로마톨라이트가 발견되는데요. 지금도 물속에서 방울방울 왕성하게 산소를 내뿜는 모습을 볼 수 있어요. 산소 기체는 물에 거의 녹지 않아 물속에서 기포 방울이 보이지요. 산소는 에너지 효율이 높아 지구에서 다양한 생물이 진화할 수 있는 터전을 마련했습니다.

남세균이 어떻게 지구를 탈바꿈시켰는지 좀 더 자세히 알아볼까요. 남세균이 번성하면서 지구 대기에 산소가 풍부해졌어요. 산소 기체가 없었던 지구 환경이 송두리째 바뀐 거죠. 그래서 산소 혁명이라고 합니다. 바다에 풍부하게 녹아 있었던 이온화된 철과 반응해 산화 철이 쌓이면서 붉은 철광석이 바다 밑에 두텁게 퇴적되었는데요. 대기에서는 산소가 햇빛에 반응해 오존층O_3을 형성했습니다. 오존층이 태양에서 오는 치명적인 자외선을 막아 주어 육지가 생물이 살 수 있는 장소로 변했습니다. 반면에 그동안 번성했던 혐기성 세균은 산소에 적응하지 못하고 대부분 멸종했습니다. 산화력이 강한 유해 산소가 세포를 파괴했거든요. 그 빈자리에 산소를 이용해 에너지를 더 많이 생산하는 호기성 세균이 번성했습니다.

세균은 핵이 없는 원핵생물인데요. 21억 년 전이 되자 핵막으로 둘러싸인 핵을 지닌 진핵생물이 등장했습니다. 원시 진핵생물이 호기성 세균을 삼켜 시작된 이들의 동거가 진화의 새 역사를 쓰게 되었지요. 호기성 세균이 미토콘드리아라는 세포 소기관으로 정착했거든요. 미토콘드리아를 지니게 된 세포는 매우 효율적인 에너지 분자 ATP를 만들었습니다. 그래서 미토콘드리아를 '세포의 발전소'로 부릅니다. 세포 안에 고효율의 배터리를 장착한 셈이지요. 세균을 제외한 크고 작은 모든 진핵생물의 세포에는 미토콘드리아가 있습니다.

남세균 역시 다양한 진화 과정을 거쳤습니다. 원시 진핵생물의 몸속에 들어가 공생하며 엽록체라는 세포 소기관으로 변모했거든요. 녹조류, 홍조류와 같은 식물성 플랑크톤으로 진화했던 거죠. 식물의 조상인 이 작은 바다 생물들은 고생대에 들어서면서 육지에 터전을 잡았습니다. 남세균은 지금도 바다 속에서 번성하며 식물성 플랑크톤과 함께 바다 생태계의 생산자로 살아가고 있어요. 게다가 식물로 진화해 육지 생태계의 생산자로도 당당히 자리 잡았지요.

15억 년 전에 등장했던 다세포 생물은 산소 호흡을 하는 미토콘드리아가 만든 창작품입니다. 산소를 이용해 다량의 에너지를 생산함으로써 생명체들은 조직과 기관을 다양하게 분화시킬 수 있었어요. 그 결과 생명체가 고생대에 이르러 바다뿐 아니라 육지에서 폭발적으로 늘어났습니다.

식물과 동물 등 고등한 생명체로의 진화와 더불어 그들이 지구 전체로 서식지를 넓힌 대사건은 눈에 보이지도 않는 작은 미생물, 남세균에 의해 일어났습니다. 산소는 인간과 같은 고등 동물의 출현뿐 아니라 문명과도 깊은 연관이 있는데요. 세계 최대의 철광석 산지가 남세균이 번성했던 호주이거든요. 대규모의 산화 철이 매장되어 있어요.

원시 지구에 활기찬 생명력을 불어넣은 남세균의 생존력은 매우 강합니다. 크루코키디옵시스*Chroococcidiopsis thermalis*라는 남세균은 매우 춥고 극도로 건조한 남극 사막에도 살고 있는데요. 화성과 가장 비슷한 환경에서 광합성을 하며 생존하고 있답니다. 우주 생물학자들이 남세균에 주목하는 까닭이지요. 과연 남세균이 원시 지구에서 '활약'했듯이 다른 행성의 환경을 바꿔 놓을 수 있을까요.

남세균 화석을 통해 선캄브리아대에는 단세포 생물이 번성했으리라 추정했는데요. 뜻밖에 1947년 선캄브리아대 후기 지층에서 다세포 생물의 화석을 발견했습니다. 1센티미터에서 최대 1미터가 넘는 몸집에 딱딱한 골격이 없는 에디아카라 동물의 화석인데요. 그것의 생태는 아직까지 베일에 싸여 있습니다. 그러나 6억 년 전 선캄브리아대 말에 다세포 생물이 출현했다는 사실은 분명해진 거죠. 대규모의 화산 활동과 대륙 이동 들로 인해 말랑말랑한 이 원시 동물은 지구에서 사라졌어요. 남세균 화석은 정말이지 최고最古, 最高의 화석입니다.

18 고생대 화석의 살아 있는 도플갱어

29~32억 년 동안 선캄브리아대 바다에서 살았던 원시 생물들은 극심한 화산 활동과 대륙 이동, 혹독한 빙하기를 맞아 대부분 멸종했습니다. 그러나 불안정했던 지구 환경이 다시 안정되면서 고생대가 시작되었어요. 풍부한 산소 기체를 지닌 지구에 생물이 급증해 '캄브리아기 생명의 대폭발' 시대가 열렸습니다. 캐나다의 버제스과 중국의 청지앙 지역에서 캄브리아기 대폭발의 증거를 보여 주는 화석을 대량 발견했어요.

고생대를 한마디로 간추리면 단순했던 생물이 매우 다양하고 복잡하게 진화했던 시기입니다. 이때 바다 생물뿐 아니라 육지에서도 식물과 육상 동물이 나타나고 퍼져 나갔어요.

5억 3000만 년 전 캄브리아기 바다에서 다양한 종의 무척추동물이 등장했는데요. 다세포 생물이 복잡한 기관을 갖추게 되면서 맨눈으로 볼 수 있을 만큼 확연히 커졌습니다. 특히 삼엽충 *Trilobita*은 2만 종이 넘었다고 합니다. 몸이 여러 마디로 된 절지동물로 1밀리미터~70센티미터에 이르기까지 종류만큼 크기도 다양했지요. 외골격은 탄산 칼슘으로 이루어졌고, 가시와 뿔이 있는 것도 있었어요. 그중 왈리세롭스*Walliserops trifurcatus*는 눈썹 사이로 난 멋진 삼지창 뿔로 눈길을 끄는 삼엽충이지요. 삼엽충 화석은 석회질 껍질로 빚어진 화석의 무늬가 독특해 중국에서 벼루 장식으로 이용하거나 아메리카 선주민이 부적으로 지녔다고 합니다. 눈, 촉수 등의 감각 기관과 다리, 꼬리 등의 운동 기관이 있고 세 쪽으로 나뉜 외골격 안에 소화 기관을 갖췄어요. 탄산 칼슘 성분인 눈속 렌즈가 화석으로 보존되었는데 정교한 수천 개의 겹눈이었어요.

동물은 식물과 다르게 사냥을 위한 감각 기관과 운동 기관, 그것을 통제하는 신경계가 발달합니다. 아노말로카리스*Anomalocaris canadensis*는 몸길이가 60센티미터인 최상위 포식자로 시력이 좋은 큰 눈과 강한 집게발, 지느러미 역할을 하는 운동 기관이 발달했어요. 바다에는 힘세고 부리부리한 포식 동물(다른 동물을 잡아먹는 동물)뿐 아니라 겁 많고 작은 피식 동물(잡아먹히는 동물)이 공존했습니다. 척삭(척추의 전 단계)을 지닌 3센티미터 크기의 작은 동물, 하이코우이크티스*Haikouichthys ercaicunensis*도 살고 있었습니다.

작은 피식 동물들이 딱딱한 외골격을 갖춘 동물로 진화하면서 포식자 아노말로카리스는 멸종했습니다. 놀랍게도 척삭동물 하이코우이크티스는 살아남아 척추동물로 진화했지요. 바다에선 물고기로 진화했고 포식 동물을 피해 도망친 육지에선 양서류, 파충류의 조상이 되었습니다. 그런 과정을 거쳐 척추동물의 마지막 단계인 인간이 출현했던 거죠.

해양 무척추동물은 오르도비스기와 실루리아기에 전성시대를 누렸습니다. 오르도비스기에 1차 대멸종을 맞았으나 절멸되지 않고 간신히 살아남았던 해양 무척추동물은 실루리아기에 새로운 모습으로 등장하고 다양해졌습니다. 조개와 닮은 완족동물, 바다나리, 산호, 필석 등이 번성했습니다.

오르도비스기에 등장했던 최초의 척추동물은 데본기 바다에서 연약한 지느러미, 가시 돋친 지느러미, 무시무시한 이빨과 턱을 갖춘 모습으로까지 진화하면서 다양한 물고기 시대를 맞았습니다. 마치 머리에 투구를 쓴 것 같은 모양의 갑주어와 둥근 입 모양의 원구류는 턱이 없는 물고기인데요. 늘 열린 입 모양의 원구류는 척추의 전신인 척삭을 지녔습니다. 최초로 턱뼈를 지닌 판피어류가 번성했습니다. 몸길이 최대 10미터, 몸무게 4톤에 이르는 둔클레오스테우스*Dunkleosteus terrelli*는 단단한 판피(골판)가 머리와 가슴

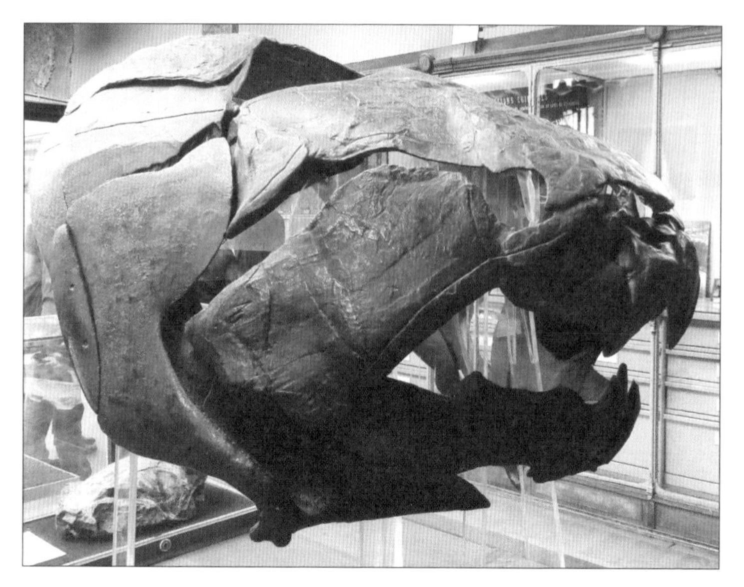

프랑스 파리 국립자연사박물관의 둔클레오스테우스.

을 덮었고 연골성 등뼈를 갖춘 물고기로 최상위 포식자였습니다.

원시 상어도 나타났습니다. 상어는 가벼운 물렁뼈로 된 연골어류로 공기주머니(부레)가 없어서 바다 밑으로 가라앉지 않으려면 계속 헤엄쳐야 해요. 두터운 지방층, 커다란 간으로 부력을 높이고 피부에는 이빨과 같은 성분으로 된 방패 비늘이 덮여 있어 물의 저항을 줄였지요. 늘 입을 벌리고 있는 이유는 물을 펌프질하는 아가미뚜껑이 없어 입으로 물을 계속 먹어야 산소를 흡수할 수 있

오스트리아 비엔나 자연사박물관에 있는 실러캔스의 액침 표본.

기 때문입니다. 미세한 생체 전류를 감지하는 로렌치니 기관이 있어 몹시 예민한 사냥꾼이지요. 상어의 머리나 주둥이에 있는 로렌치니 기관은 다른 생물의 전류, 지구의 자기장 들을 감지하는 기관으로 오랜 세월에 걸쳐 진화했는데 이탈리아의 해부학자 로렌치니가 1678년에 발견했어요.

이때 현존하는 물고기의 대부분을 차지하는 경골어류도 출현했습니다. 날씬한 유선형의 몸매와 단단하면서도 유연한 골격, 호흡에 유용한 아가미뚜껑, 부레는 수중 생활에 매우 유리했어요.

1938년 남아프리카공화국 근처 바다에서 '화석 동물'이 발견되었어요. 고생대 화석을 복제한 듯한 도플갱어 실러캔스*Latimeria chalumnae, Latimeria menadoensis*는 몸길이 최대 2미터, 몸무게 100

킬로그램에 이르며 100년의 수명을 지닌 원시 경골어류입니다. 가슴지느러미에는 마치 육상 동물의 앞다리처럼 튼튼한 뼈와 두툼한 살집이 있어요. 원시적인 폐도 있고요. 물고기의 진화를 엿볼 수 있는 살아 있는 화석입니다. 공룡보다 더 오래 살아남았지만 지금은 절멸 가능성이 극단적으로 높은 멸종 위기 동물이지요.

어류와 양서류의 연결고리가 되는 틱타알릭*Tiktaalik roseae*도 데본기에 등장했습니다. 몸길이 2미터가 넘는 커다란 몸집에 근육질 지느러미로 걷고 발달된 목 근육으로 주변을 살피며 물 밖에서 숨쉴 수 있는 콧구멍이 있었어요. 데본기 후기 지층에서 발견된 원시 물고기 화석 아칸토스테가*Acanthostega gunnari*는 더욱 진화된 모습이었는데요. 앞다리뼈와 발가락, 물갈퀴를 지녀 고생대에 일어났던 육상 동물의 진화 과정을 더 잘 알게 되었습니다.

데본기 말 혹독한 2차 대멸종을 거친 뒤 맞이한 석탄기는 원시 상어의 전성시대였습니다. 10센티미터에서 8미터에 이르기까지 그 크기가 다양했으며 경쟁자가 없어 바다의 포식자로 군림했습니다. 스테타칸투스*Stethacanthus altonensis*는 등지느러미가 망치 모양이었는데 등지느러미와 이마에는 이빨처럼 생긴 뾰족한 비늘이 뒤덮여 있었어요. 석탄기 말에 등장했던 헬리코프리

온*Helicoprion bessonovi*은 돌돌 말린 나선형 톱 모양의 턱을 지닌 대형 연골어류였습니다.

데본기에 등장했던 양서류는 석탄기~페름기에 황금기를 맞이했습니다. 육지에 적응한 최초의 네발 동물이지요. 진흙에서 걸을 수 있는 뭉툭한 지느러미를 발달시켜 바다에서 육상으로 올라온 최초의 척추동물입니다. 오존층이 사라지고 천적이 없었던 육지에서 양서류의 시대가 펼쳐졌습니다. 양서류는 물과 육지를 오가며 양쪽에서 산다는 뜻이지요.

육지를 점령했던 양서류는 지금의 모습과 달랐습니다. 몸길이 2미터, 몸무게 100킬로그램에 달하는 에리옵스*Eryops megacephalus*는 커다란 두개골과 이빨을 지녔으며 얕은 물가에서 생활했을 것으로 추정합니다. 악어를 연상시키는 육식성 양서류였지요.

이 네발 동물 중 석탄기에 새로운 종이 등장했습니다. 힐로노무스*Hylonomus lyelli*는 육지에 완전히 적응했던 파충류인데요. 몸길이 20센티미터로 작은 곤충을 잡아먹었습니다. 페름기에 살았던 브라디사우루스*Bradysaurus baini*는 몸길이 2미터, 몸무게 1톤에 달했지만 온순한 성격의 초식성 파충류였습니다.

파충류는 이제 알을 보호하는 양막을 지니게 되어 바다에서 멀리 떨어져 알을 낳고 살 수 있게 되었지요. 육지에 단단한 껍질을 지닌 알을 낳으면서 수정 방법이 변했습니다. 파충류의 체내 수정은 체외 수정에 비해 진화를 가속화했어요. 치열한 번식 경쟁이 일어나 짝짓기에 유리한 형질을 발달시켰습니다. 그로 인해 생존 경쟁이 더욱 거세졌습니다.

동시에 단궁류가 등장했습니다. 단궁류는 두개골의 눈구멍 바로 아래에 1개의 구멍이 있는 무리입니다. 파충류는 이 구멍(측두창)이 없거나 2개이거나 혹은 구멍의 위치가 다르지요. 단궁류는 1개의 측두창을 지닌 원시 포유류와 더 비슷한 특징을 지녔는데요. 디

미국 워싱턴의 국립자연사박물관에 있는 디메트로돈.

메트로돈*Dimetrodon imbatus*은 등에 돛 모양의 돌기를 지녀 범선과 비슷하다고 해서 범룡이라고도 해요. 에다포사우루스*Edaphosaurus pogonias*는 멋진 부채 모양의 돌기를 지녔습니다. 이들은 3미터가 넘는 몸집이었지만 살아남지 못했어요.

오히려 몸길이 1미터 정도의 작은 단궁류가 살아남았는데요. 삽도마뱀이라는 별명의 리스트로사우루스*Lystrosaurus murrayi*, 여우만 한 몸집의 트리낙소돈*Thrinaxodon liorhinus*은 대멸종에도 살아남아 포유류로 진화했어요. 고생대 말 초대륙의 대멸종, 그 틈새에서 살아남았던 육상 동물은 여러 대륙으로 퍼졌습니다.

고생대 초기 바다에는 곤충을 닮은 삼엽충이 번성했습니다. 중기에는 완족류, 산호, 필석 등 무척추동물의 세상이었고 다양한 물고기가 바다를 누볐습니다. 육지에는 키 작은 이끼가 번성했어요. 후기에 키 큰 양치식물이 울창한 숲을 이루고 거대한 곤충과 양서류가 번성했습니다. 이때 파충류와 단궁류가 나타났고 소나무와 같은 겉씨식물이 등장했습니다.

나무만 한 고사리 숲을 거대한 곤충이 날아다니는 고생대 후기의 풍경은 지금보다 산소가 2배 가까이 풍부했기 때문이지요. 하지만 생물들은 다시 대멸종의 비극을 맞이했습니다.

19 180000000년 동안의 지배

2억 4500만 년 전에 어김없이 3차 대멸종이 찾아왔습니다. 지구는 1억 년 이상 초대륙을 형성하면서 해안선이 줄어들고 해류와 대기의 순환이 달라졌습니다. 부족해진 서식지와 가혹한 기후 변화에 생물들은 잘 적응하지 못했습니다. 거대한 화산 폭발과 산소 부족, 오존층 파괴 등 극심한 환경 변화로 생물종 95퍼센트가 멸종했습니다. 육지에 완전히 적응했던 네발 동물은 가장 큰 대멸종으로 거의 사라졌고 극히 일부만 살아남았습니다.

중생대 트라이아스기가 시작되었습니다. '현대 세상의 새벽'으로 불리는 이 시기에 대멸종의 틈새에서 파충류가 자리를 잡았고 포유류가 등장했습니다. 하지만 대규모 화산 활동과 기후 변화로 4차 대멸종이 일어나 또 멸종의 운명에 처했습니다. 이제 쥐라기, 공룡이 지구를 지배했던 시대가 시작되었습니다. 육지에선 공룡, 하늘에선 익룡, 바다에선 수장룡이 활개쳤어요. 중생대 내내 살았던 공룡은 없었어요. 쥐라기에 번성했던 대부분의 공룡은 백악기

경남 울산시 유곡동 공룡 발자국 화석.

에 새로운 공룡에게 자리를 내주며 지배를 이어 갔습니다. 가장 힘센 공룡인 티라노사우루스는 중생대 후기 백악기에 등장했던 공룡이지요.

중생대는 자연사박물관에서 가장 인기 있는 시대예요. 거대한 풍채와 험악한 표정의 공룡 화석은 상상의 동물이라고 해도 믿을 정도로 현생 동물과는 달라 보입니다. 어린이들의 호기심을 불러일으키는 이 동물이 지구에서 살았던 시간은 매우 길었습니다.

1억 8000만 년, 공룡이 지구에 적응했던 트라이아스기를 제외하면 무려 1억 4000만 년 동안 공룡이 지구를 지배했어요. 공룡은 육상에 완벽히 적응한 최초의 척추동물인 파충류입니다. 두꺼운 비늘이나 뼛조각으로 덮인 피부를 지녔고 허파로 호흡하고 양막에 쌓인 알을 낳았습니다.

육상에 살았던 공룡은 여느 파충류와 다르게 곧은 다리로 걸었습니다. 골반 가운데 있는 구멍에 연결된 넓적다리뼈가 아래로 곧게 뻗은 다리는 조류나 포유류와 비슷합니다. 악어나 거북과 같이 굽은 다리로 기어다니는 파충류보다 훨씬 유리했지요. 움직일 때 에너지 소모가 적고 허파가 눌리지 않았으니까요. 거대한 몸집으로 빠르게 달릴 수도 있었어요. 곧고 튼튼한 다리와 호흡에 유리한 허파 구조는 지구상에서 가장 거대한 육상 동물을 탄생시켰습니다. 용각류(목이 긴 공룡)인 아르젠티노사우루스*Argentinosaurus huinculensis*의 몸무게는 70톤이 넘었는데 코끼리의 10배 정도 되는 무게예요.

공룡의 크기는 천차만별이었습니다. 비둘기만 한 작은 공룡도 있었거든요. 고생물학자들은 발가락뼈와 다리뼈, 발자국 들의 화석을 연구해 공룡의 크기를 알아냈습니다.

공룡은 엉덩이뼈의 구조에 따라 두 종류로 분류해요. 육식 공룡과 목이 긴 공룡의 골반은 도마뱀을 닮아 치골(골반의 아래 뼈 중 앞 뼈)과 좌골(골반의 아래 뼈 중 뒤 뼈)이 앞뒤로 벌어져 있습니다. 이를 용반목이라고 합니다. 그에 비해 대부분의 초식 공룡은 새 골반과 비슷한데 치골과 좌골이 뒤쪽으로 나란해 풀을 뜯기에 좋지요. 이런 형태의 공룡들을 조반목이라고 합니다. 도마뱀형 용반목과 새형 조반목의 골반 모양은 다르지만 곧은 다리라는 점은 같아요.

발바닥 전체를 딛고 걷는 파충류와 다르게 공룡은 새처럼 발가락으로 걸었습니다. 또 주변의 온도에 따라 체온이 변하는 변온 동물이라 여겼으나 최근 학자에 따라서는 항온 동물의 가능성을 주장하기도 합니다. 심장의 구조가 파충류보다는 온혈 동물인 조류나 포유류와 비슷하다거나 머리카락 같은 솜털 흔적을 지닌 공룡 화석 등을 근거로 내세웁니다.

티라노사우루스*Tyrannosaurus rex*는 중생대 백악기 후기에 살았던 가장 힘센 육식 공룡이었습니다. 용반목 수각류에 속하는데요. 수각류는 용반목 공룡 중 두 발로 걷는 이족 보행을 한 무리입니다. '폭군 도마뱀'이라는 뜻을 지닌 티라노사우루스는 키 12미터, 몸무게 7톤의 거대한 몸집을 과시했습니다. 갈고리 모양의 강력한 이빨과 큰 턱, 날카로운 발톱에 머리뼈는 크고 길었습니다.

시각과 후각도 매우 발달했고 저주파의 소리도 들었다고 합니다. 근육질 뒷다리를 중심으로 두터운 목과 꼬리가 균형을 이루며 이족 보행을 했는데요. 앞발가락은 2개로 퇴화되었지만 무거운 것을 들어 올리는 힘이 매우 강했을 것으로 추정합니다. 사냥감을 한번 물면 절대로 놓지 않아 감히 대적할 상대가 없었기에 중생대가 끝날 때까지 최상위 포식자였습니다. 최근에는 깃털 화석을 지닌 티라노사우루스의 친척이 발견되어 수각류 공룡과 조류의 밀접한 혈통 관계를 더욱 뒷받침해 주었지요.

티라노사우루스와 같은 시기에 살았던 트리케라톱스*Triceratops horridus, Triceratops prorsus*는 뿔 공룡 중 가장 큰 초식 공룡입니다. 조반목 각룡류에 속하지요. 키 9미터, 6~12톤의 몸무게로 눈 위 커다란 2개의 뿔과 코 위에 작은 1개의 뿔이 있고 어깨를 덮는 근사한 머리깃을 지녔습니다. 큰 뿔의 용도는 짝짓기를 위한 과시용이거나 티라노사우루스에게 저항하는 방어용으로 추정합니다. 이 2개의 뿔은 끝이 어렸을 적에 뒤쪽을 향하다가 성장하면서 앞쪽으로 기울었습니다. 어렸을 때 머리깃(프릴)에 돋은 작은 돌기들도 성장하면서 흡수되어 사라졌어요. 이빨은 수백 개인데 풀이나 나무 열매를 자르기만 하고 갈거나 씹지는 못했다고 하지요. 소화를 돕는

미국 뉴욕 자연사박물관에 있는 트리케라톱스.

위석이 발견되었는데, 먹이를 후다닥 먹어 치울 때 돌을 삼켰던 거죠. 이빨이 없는 새가 모래주머니에서 소화하는 것처럼 돌멩이가 소화 작용을 도우며 마모되었어요.

초대륙이 나눠진 백악기 후기에 살았던 티라노사우루스는 아시아에서 베링 육교를 통해 북아메리카까지 번성했습니다. 유럽에는 난쟁이 공룡, 남반구의 곤드와나 대륙에는 가장 큰 수각류 공룡인 카르카로돈토사우루스*Carcharodontosaurus saharicus*와 목 긴 공룡이 번성했고요.

최근에는 컴퓨터 단층 촬영 기술로 머리뼈 화석 안의 뇌 구조를 입체적으로 연구하고 속귀의 발달 정도에 따라 청각, 평형 감각을 추정합니다. 주사 전자 현미경으로 색소 구조물의 흔적을 찾아내어 피부색을 정밀하게 분석하지요. 그러나 공룡에 대한 화석 연구는 아직 걸음마 단계입니다.

코리아케라톱스*Koreaceratops hwaseongensis*는 우리나라 경기도 화성에서 발견해 우리 이름을 얻은 뿔 공룡입니다. 그런데 화성 뿔 공룡은 뿔이 없고 작은 프릴을 지니고 있었어요. 뿔 공룡의 진화 과정을 살펴보면 처음엔 프릴이 없고 코앞에 새 부리 모양의 부리뼈를 지니고 있다가 점차 프릴을 지닌 뿔 공룡으로 진화했습니다.

한국 학명이 첫 번째로 들어간 공룡은 코리아노사우루스*Koreanosaurus Boseongensis*입니다. 전남 보성에서 발굴한 화석으로 백악기 후기에 살았던 조반목 육식 공룡이지요. 2003년에 발견하고 2011년에 학명을 얻었습니다.

20 '끔찍할 정도로 큰 도마뱀'과 인간의 만남

공룡의 생김새는 예나 지금이나 흥미로움을 자아내기에 충분했습니다. 고대 중국에서는 공룡 화석을 용 뼈로 생각하고 가루를 내어 병을 고치는 주술에 이용했어요. 지질학이 일찍 발달했던 영국에서조차 공룡 뼈 화석과 공룡 발자국 화석을 발굴했을 때 그것의 정체를 알지 못했습니다. 오랫동안 공룡 발자국을 '커다란 새'의 발자국으로 생각했지요.

1824년 영국 지질학자 윌리엄 버클랜드William Buckland(1784~1856)가 거대한 턱뼈에 날카로운 이빨이 담긴 화석을 '거대한 도마뱀'이라는 뜻의 '메갈로사우루스*Megalosaurus*'로 이름 지었지만 그것을 공룡으로 인식하지는 못했어요. 다만 나중에 최초의 공룡 화석으로 인정받았지요.

그에 앞서 1822년 의사인 기디언 맨텔Gideon Mantell(1790~1852)의 아내가 현생 파충류보다 수백 배나 더 큰 이빨 화석을 발견했는데요. 맨텔은 이 화석이 중요하다는 것을 인식하고 연구에 몰두

기디언 맨텔.

리처드 오언.

했습니다. 3년 후 이구아나와 같은 도마뱀의 이빨이라고 확신해 이구아노돈*Iguanodon*으로 이름 붙여 발표했지요.

그 뒤 중생대 지층에서 거대한 파충류 화석이 대거 발견되면서 현생 파충류와 전혀 다른 생명체가 본모습을 드러냈습니다. 1841년 영국과학협회총회에서 리처드 오언Richard Owen(1804~1892)이 '공룡dinosaur'이라는 이름을 처음 붙였어요. 그리스어의 '끔찍할 정도로 큰deinos'과 '도마뱀sauros'을 합친 이름으로, 이전에 발견된 적 없는 새로운 동물이라고 밝혔어요. 10여 년 후 런던 수정궁 공원에 공룡 모형을 설치해 많은 관람객을 끌어모았지요.

런던 국립자연사박물관의 설립자이기도 했던 오언은 생물학계에 중요한 업적을 남겼지만 독선적인 언행으로 쓸쓸히 생을 마감했어요. 맨텔과 오언의 악연은 널리 알려져 있습니다. 오언은 오만함과 질투심으로 맨텔의 연구를 집요하게 방해하고 비하하는 악행을 저질렀어요. 결국 맨텔은 절망의 나락에서 헤어나지 못했습니다.

게다가 공룡 화석 발굴의 역사에서 안타까운 일이 벌어지기도 했어요. 미국에서 금광 채굴에 혈안이 되었던 시기에 화석이 함께 발견되면서 화석 발굴의 전성기를 맞았는데요. 고생물학자 오스니얼 마시Othniel C. Marsh(1831~1899)와 에드워드 코프Edward D. Cope

오스니얼 마시.　　　　에드워드 코프.

(1840~1897)가 공룡 화석의 발굴 성과를 독점하기 위해 속임수와 폭력을 이용해 '뼈 전쟁'을 벌였거든요. 은밀하고 불법적인 화석 뒷거래가 성행하기도 했습니다.

공룡알도 다르지 않았습니다. 1859년 프랑스에서 공룡알 화석을 처음 발견했습니다. 알 껍질 화석 몇 개를 발견했는데 악어의 알로 잘못 알았지요. 1923년 몽골에서 온존히 보존된 공룡알 화석 둥지를 찾았고 공룡이 딱딱한 껍질의 알을 낳는 파충류임을 확인하게 되었어요. 공룡알 화석은 아시아에 많이 분포하는데 중국 후베이 지역에선 집 짓는 돌로 사용할 만큼 많았다고 해요. 우리나라에서는 1972년 경남 하동에서 처음 발견된 뒤 경기도 화성의 시화호를 비롯해 전남 보성, 경남 고성에서 많이 발굴되었습니다.

어떤 공룡의 알인지 알려면 알 속에 태아 화석이 있어야 합니다. 태아 화석을 지닌 알은 극히 소수이지요. 보통 초식 동물의 알 화석은 동그랗고 육식 동물의 알 화석은 타원형입니다. 공룡알은 다 자란 뒤의 몸체에 견주어 큰 편은 아닙니다. 지금까지 발견된 가장 큰 초식 공룡의 알 화석은 축구공보다 약간 작아요. 길쭉한 육식 공룡의 알 화석은 45센티미터 정도입니다. 알의 크기가 크지 않은 이유는 커질수록 그만큼 껍질도 두꺼워야 하는데 그렇게 되면 호흡도 곤란하고 부화하기도 어렵기 때문입니다.

공룡알 화석을 자세히 들여다보면 숨구멍이 매우 많고 표면이 우툴두툴해요. 아마 온난했던 중생대에는 이산화탄소의 농도가 높아 산소가 더 많이 필요했을 거예요. 한편 많은 숨구멍으로 빠져나가는 수분 손실을 막기 위해 땅속에 구덩이를 파고 모래로 알을 덮었을 텐데요. 모래에 숨구멍이 막히지 않도록 우툴두툴한 홈이 파여 있어 표면이 거친 거죠.

21 까마귀는 공룡일까

공룡이 번성했던 시기에 발견되는 화석 중 공룡과 비슷한 척추동물 화석이 있습니다. 쥐라기 지층에서 발견된 시조새*Archacopteryx lithographica*입니다. 새의 조상이라는 뜻이지요. 새처럼 작은 얼굴에 부리가 있고 깃털 달린 날개를 지녔습니다.

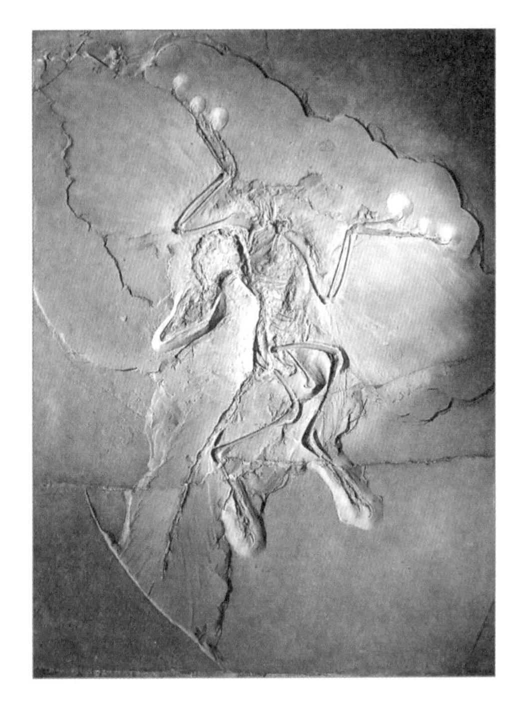

독일 베를린 자연사박물관에 전시된 시조새 화석.

그런데 새와 다르게 부리 안에 이빨이 있고 날개 끝에 앞 발톱과 앞 발가락이 있습니다. 긴 꼬리뼈도 있고요. 조류와 파충류의 특징을 함께 지니고 있는 거죠.

시조새의 깃털과 골격이 조류와 거의 같아요. 시조새에 비해 새는 앞발이 변형되고 꼬리가 퇴화된 정도입니다. 흥미롭게도 시조새는 공룡 가운데 두 발로 걸어 다닌 용반목 수각류와 닮았습니다. 새처럼 날으려면 쇄골이 V형으로 붙은 차골이 있어야 하거든요. 그런데 수각류 공룡에서 이 차골이 발견되었습니다. 작은 수각류 공룡의 골반은 곧은 다리와 연결된 구조로 도마뱀형에서 새형으로 점차 변했지요.

눈여겨볼 동물은 수각류 가운데 작은 공룡입니다. 수각류 공룡은 머리뼈에 구멍이 많고 뼛속은 비어 있어 가벼웠어요. 뒷다리와 연결되지 않은 꼬리는 비행에 유리한 방향으로 변화할 수 있는 구조를 갖췄습니다. 새가 공룡에서 진화했다는 주장이 나온 이유입니다.

하지만 공룡이 조류로 진화했다는 이론은 선뜻 받아들여지지 않았습니다. 거대하고 무서운 공룡만 떠올렸기에 더욱 그랬지요. 그래서 수각류 공룡과 조류가 친척이라는 학설에 논쟁이 이어졌는데요. 1996년 중국에서 한 농부가 깃털이 달린 육식 공룡의 화석을 발견하면서 이 논쟁은 끝이 났습니다. 용의 날개라는 뜻의 중화용조*Sinosauropteryx prima*로 명명됐는데요. 최초로 발견된 깃털 공룡입니다. 백악기 전기에 살았으며 머리에서 꼬리까지 원시 깃털을 지녔는데 배 속에 알을 두 개 품은 암컷이었습니다.

그 이후 수각류 공룡 화석들에서 보온과 구애 용도로 사용했던 깃털 흔적이 발견되었습니다. 뼈 화석에서 발견된 혈관의 분포를 통해 새처럼 체온을 일정하게 유지하는 항온 동물의 증거도 발견되었지요. 허파와 연결된 기낭(조류의 공기주머니로 부력을 조절하고 산소를 저장하는 호흡 기관)의 흔적을 찾았어요. 새가 티라노사우루스와 친척뻘인 셈입니다.

공룡은 파충류의 특징을 지니고 있지만 최근 발견한 화석들을 연구하면서 조류와 상당히 비슷하다는 것을 알게 되었습니다. 조류가 공룡의 친척이 아니라 공룡의 하나라고 주장하는 공룡 학자도 있습니다. 적어도 1억 4000만 년 이상 번성했던 공룡의 화석과 현재 생존하고 있는 '공룡의 무리'인 조류가 기존 파충류(파충강)와 조류(조강)의 분류 체계 변화에 큰 영향을 미치고 있어요. 분명한 사실은 1억여 년 동안 공룡의 무리가 '진화적 향상'을 통해 살아남아 1만 종 이상의 조류로 탈바꿈했다는 거죠. 깃털을 비행용으로 고쳐 쓰는 데는 수천만 년이 걸렸지만 그 이후 진화 속도는 가속되었다고 해요.

하늘을 비행하는 새가 이족 보행을 했던 수각류 육식 공룡의 한 무리였다는 게 믿어지나요. 척추동물 중 최초로 하늘을 날았던 익룡은 멸종했지만 육지를 거닐었던 공룡 무리의 일부는 성공적으로 살아남았습니다. 공룡이 멸종하지 않고 신생대의 하늘을 지금까지 지배하는 걸까요. 신생대에 육지와 바다는 포유류가 정복했지만 하늘은 여전히 공룡이 지배하는 걸까요. 박쥐는 하늘을 나는 포유류이지만 독수리, 매 들의 맹금류를 피해 동굴에서 생활하는 야행성 포유류잖아요.

새는 시각이 뛰어나고 지능이 높습니다. 건망증이 심한 사람을 보고 흔히 까마귀 고기를 먹었다고 하는 말은 모르고 하는 소리이지요. 물병의 물을 먹기 위해 까마귀가 돌멩이를 넣는 이솝 우화처럼 새들은 도구를 잘 사용합니다. 침팬지의 지능을 뺨치는 까마귀*Corvus corone orientalis*는 기억력도 좋아요. 다른 새에 비해 까마귀 지능이 더 높은 까닭은 신경계가 발달했기 때문입니다. 뇌 앞쪽에 확장된 전뇌가 발달했을 뿐 아니라 후천적인 경험도 영향을 미쳤다고 합니다. 어미 새의 돌봄 기간이 길고 무리를 이뤄 협동하는 과정에서 습득한 거죠.

1억 5000만 년 전 작은 수각류 공룡이 체온을 유지하거나 짝을 유인하던 용도의 원시 깃털이 하늘을 나는 새의 날개로 진화했습니다. 새는 화려한 깃털, 지저귐, 춤 들로 암컷을 유혹하지요. 호주에 사는 다갈색가슴정원사새*Chlamydera cerviniventris*는 울긋불긋한 꽃잎, 반짝이는 돌멩이, 버려진 병뚜껑 들을 수집해 화려한 짝짓기 무대를 꾸민다고 해요. 심지어 푸른 야채를 씹어 우려낸 즙으로 벽을 칠해 장식하기도 합니다. 조류에 이르면 짝짓기 경쟁은 몸의 진화와 더불어 주변 환경을 활용하는 구애 행동의 진화로 한층 발전했습니다.

어떤가요. 화석을 통해 조류가 육식 공룡의 한 무리에서 진화했다는 사실을 알고 나니 새가 새롭게 보이지 않나요.

22 새로운 왕좌 게임

6500만 년 전 육지와 하늘, 바다를 지배했던 대형 파충류가 사라졌습니다. 중생대에는 다른 시대와 달리 빙하기가 없었음에도 다섯 번째 대멸종이 일어난 까닭을 밝히는 데 가장 유력한 이론은 운석 충돌설입니다. 지름 10킬로미터에 달하는 운석이 멕시코 유카탄 반도에 떨어져 지구 생명체들의 운명을 바꿔 놓았다는 거죠.

운석이 충돌한 곳에서 수천 킬로미터 안에 있는 모든 것이 단숨에 파괴되고 지진 해일이 발생했어요. 화염과 화산 가스, 암석 파편 들이 몇 달에 걸쳐 하늘을 뒤덮었습니다. 육지와 바다에서 햇빛이 사라져 추운 겨울이 지속되었고 산성비로 숱한 식물과 육상 동물이 죽음을 맞았지요. 운석 크레이터(운석이 충돌해 움푹 패인 곳)에서 소행성의 먼지인 이리듐Ir이 대량 발견되었는데요. 다른 지역의 중생대 말기 지층에서도 발견됨에 따라 대량 멸종을 일으킨 전 지구적 현상으로 확인되었습니다.

더구나 수백만 년 동안 이어졌던 대규모 화산 활동이 가세했습니다. 결국 햇빛이 차단되어 식물과 초식 동물이 크게 줄고 바다 생태계가 파괴되어 비조류 공룡, 익룡, 수장룡은 단 한 마리도 살아남지 못했습니다. 거대한 몸집은 먹이가 풍부한 환경에서는 유리했지만 열악한 환경에선 치명적으로 불리했거든요. 그와 달리 민물고기, 양서류, 거북과 악어와 뱀 등의 파충류, 곤충류, 원시 조류는 작은 포유류와 함께 생존할 수 있었어요.

공룡이 사라지자 그들을 피해 밤에 활동했던 생쥐만 한 크기의 포유류가 퍼져 갔습니다. 그 시기의 포유류 화석은 크기가 하도 작아 발견하기 어렵다고 하는데요. 중생대에 살았던 포유류 화석을 찾으려면 중생대 퇴적암에 물을 부어 체에 거르는 방법으로 포유류의 이빨 화석을 걸러 낼 정도라고 하지요.

공룡이 군림했던 시대에 포유류는 겨우 곤충을 잡아먹으며 살았거든요. 중생대 초기에 등장했지만 공룡을 비롯한 대형 파충류가 지배했던 중생대 내내 포유류는 밤에 먹이를 찾아다녔던 벌레잡이 작은 동물이었지요.

6500만 년 전 공룡이 멸종했을 때 45킬로그램이 넘는 동물은 거의 전멸했어요. 1억 8000만 년에 이르는 파충류 시대에 공룡의 지배 아래 숨죽이며 살았던 날쌘 포유류에게 드디어 기회가 왔어요. 그 기회를 포유류는 놓치지 않았어요.

포유류는 새끼를 낳아 젖을 먹여 기르는 젖먹이 동물이지요. 태아는 모체로부터 양분과 산소를 얻고 또 노폐물을 배설해야 자랄 수 있습니다. 이때 태아와 모체의 자궁을 연결하는 기관이 태반인데요. 태아에게 영양분을 공급하고 배설물을 내보내는 기능을 해요. 이 태반과 연결된 탯줄의 흔적이 배꼽이지요. 태어나서도 어미의 젖을 먹으며 자랍니다. 돌봄과 학습을 경험하는 중요한 시기이지요. 이 과정을 통해 포유류는 다른 동물에 비해 자연에 더 잘 적응합니다. 죽을힘을 다해 몸속에서 새끼를 키우고 보호하는 포유류의 임신 과정은 필연적으로 까다롭고 신중하게 배우자를 선택하게 하지요. 그래서 치열한 번식 경쟁을 치릅니다.

포유류 중에 배꼽과 젖꼭지가 없는 동물이 있습니다. 주둥이가 오리처럼 크고 넓적하며 물갈퀴를 지닌 오리너구리는 알을 낳아요. 새끼가 부화하면 주름진 피부에서 스며 나오는 젖을 먹여 키우지요. 또 캥거루는 배꼽이 없어요. 태반이 없어 한 달 만에 새끼를 낳는 조산을 합니다. 몸무게 1그램, 몸길이 2센티미터 정도의 어린 새끼는 어미의 아랫배에 있는 주머니(육아낭)로 올라와 젖꼭지에 달라붙어 젖을 먹고 자랍니다. 이렇듯 생물은 다양해요. 예외적인 특징을 지닌 생물이 존재한다는 것은 생명이 다채롭게 전개되기 때문입니다. 생물이 자연환경에 더 잘 적응하기 위해 고군분투하는 '눈물겨운' 현장이기도 합니다. 생명체의 고독한 진화 과정을 엿볼 수 있는 생생한 물증인 셈이지요.

대형 파충류에 쫓겨 도망다녔던 포유류, 털이 난 온혈 동물은 대멸종에서 살아남아 서서히 공룡의 빈자리를 차지했습니다. 체온을 일정하게 유지할 수 있기에 해가 비치지 않아 추운 어둠 속에서도 활동할 수 있었거든요. 포유류의 시대가 열리면서 급속도로 다양한 종이 출현했지요.

그렇다고 해서 신생대의 환경이 포유류에게 언제나 유리했던 것은 아니었어요. 활발한 화산 활동과 대륙의 이동으로 알프스와 히말라야의 조산 운동이 일어났고 빙하기를 네 차례나 겪었으니까요. 포유류는 그 모든 난관을 이겨 내며 지구 곳곳으로 퍼져 갔는데요. 지구를 1억 8000만 년이나 지배했던 대형 파충류, 공룡이 남긴 '왕좌'를 놓고 진화에 진화를 거듭했습니다.

23 신생대의 마법, 10그램 뒤쥐에서 10톤 매머드로

포유류는 신생대 초기부터 빠르고 다양하게 진화했습니다. 이미 고진기에 지구상에서 가장 몸집이 큰 육상 포유류가 살았습니다. 신진기가 시작되는 2300만 년 전에 이르면 현재 포유류의 직계 조상들이 모두 지구를 거닐고 있었습니다. 중생대 중반에 원시 뒤쥐인 메가조스트로돈*Megazostrodon rudnerae*은 10그램에 불과했어요. 하지만 신생대에는 10톤이 넘는 포유 동물이 등장했습니다.

아시아에 살았던 파라케라테리움*Paraceratherium bugtiense*이 그 주인공인데요. 몸무게가 10톤을 넘어 최대 20톤에 달해 육상 포유류 중 가장 컸습니다. 몸길이 7미터에 키가 5미터로 코뿔소의 친척이었어요. 개과 동물의 조상인 헤스페로키온*Hesprocyon*, 고양이과 동물의 조상인 디닉티스*Dinictis felina* 화석도 발견되었습니다. 포유류가 크게 늘어나면서 육지에서 경쟁이 치열해지자 바다로 돌아간 포유류가 생겼습니다. 대표적 동물이 고래이지요.

고래는 바다에서 살지만 배꼽과 젖이 있는 젖먹이 동물입니다.

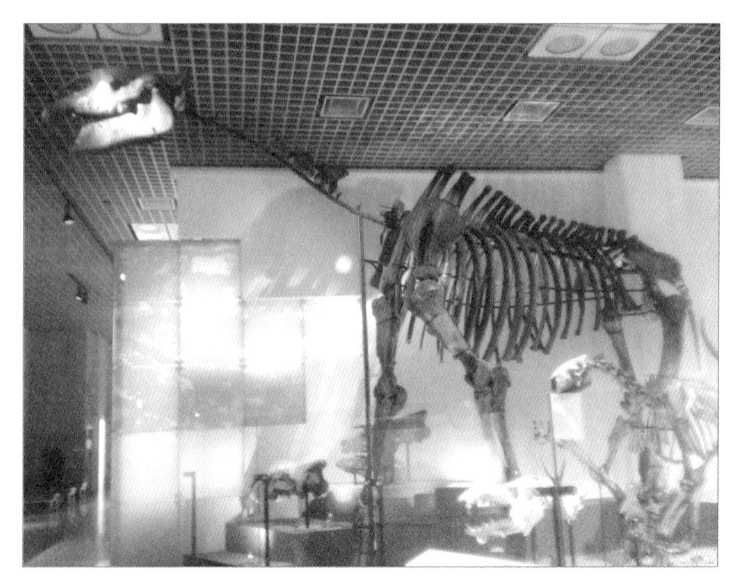

일본 도쿄 국립과학박물관에 있는 파라케라테리움.

허파로 호흡하고 두터운 지방층과 큰 몸집으로 체온을 유지하지요. 두터운 뼈에는 구멍이 많고 앞다리는 지느러미로 변형되고 뒷다리 뼈는 퇴화되었어요. 고래는 마치 늑대가 초원을 달리듯이 수평으로 발달한 꼬리지느러미와 허리를 위아래로 흔들며 물살을 가르죠. 상어가 물고기처럼 좌우로 헤엄치는 모습과 대조를 이룹니다.

바다로 서식지를 넓힌 포유류에는 물개, 바다사자, 바다코끼리도 있습니다. 지느러미 발을 지닌 기각류로 육지에서 기어 다니고 바다에서 헤엄칩니다. 오징어, 조개, 물고기를 잡아먹는 육식성이지요. 바다에 사는 초식성 대형 포유류에는 바다소라 불리는 듀공과 매너티가 있어요. 고래는 하마와 친척이며 바다사자는 곰, 바다소는 코끼리와 친척입니다.

신생대 제4기 표준 화석은 매머드*Mammuthus*입니다. 매머드 화석은 아프리카, 유라시아를 넘어 아메리카에서도 발견됩니다. 170만 년 전 러시아와 알래스카 사이의 베링 해협이 얼어붙은 시기에 건너갔거든요. 스텝 매머드*Mammuthus trogontherii*의 어깨높이는 5미터에 달했고, 건장한 수컷의 몸무게는 10톤을 넘었습니다. 길이가 3.5미터나 되는 상아가 발견되었지요. 최후의 매머드로 잘 알려진 털매머드*Mammuthus primigenius*는 스텝 매머드에 비해서는 작았지만 어깨높이 3미터에 몸무게는 6톤으로 추정합니다. 사람 머리털보다 3~6배 굵고 거친 털이 90센티미터까지 자라며 등과 배를 덮어 강추위를 이겨 냈어요.

그런데 매머드를 살려 내겠다는 과학자들이 나타났습니다. 2024년 미국의 유전학자가 매머드 유전자와 99퍼센트 이상 같은 아시아코끼리의 피부 세포를 배아 세포로 되돌리는 데 성공했다고 발표했어요. 배아 세포는 모든 기관으로 분화할 수 있는 만능 세포이거든요. 이 배아 세포에 매머드 유전자를 이식해 매머드의 형질을 지닌 코끼리를 탄생시키는 부활 프로젝트가 진행되고 있습니다. 부활할 매머드 이름도 지었다는데요. 그 이름 '크리스퍼Crispr'는 유전자를 자르는 유전자 가위의 한 종류입니다.

생태계 교란, 윤리적 문제를 제기하며 매머드 복원에 반대하는 사람들도 적지 않습니다. 그들은 이미 멸종한 생물을 되살리는 실험보다 현재 인간에 의해 생물이 멸종하는 걸 막는 데 더 관심을 쏟아야 한다고 주장합니다.

1977년 시베리아에서 발견된 매머드 디마의 모형.
러시아의 상트페테르부르크 러시아 과학 아카데미 동물학 연구소의 동물학 박물관에 전시되어 있다.

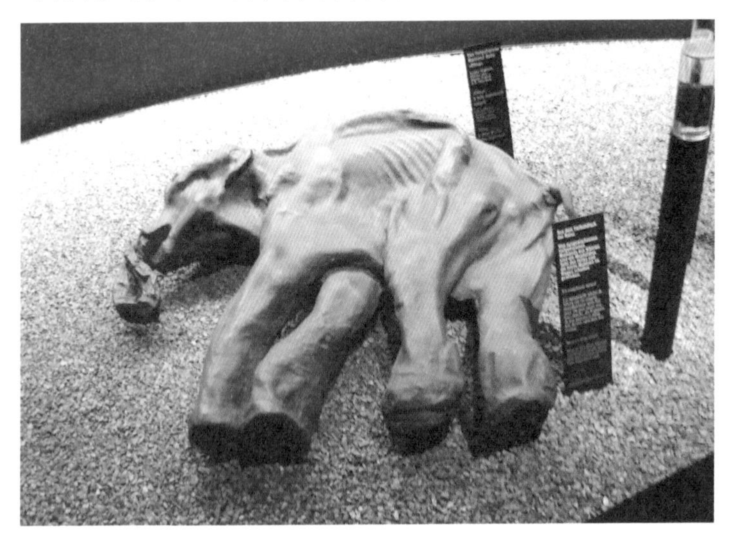

24 '인간속' 그 이름을 짓다

어느 나라든 자연사박물관은 대개 커다란 동물 박제와 공룡 화석을 입구에 전시합니다. 여러 운석과 화석, 박제와 표본 들을 지나면 마침내 인류의 뼈 화석을 마주하게 되는데요. 인류의 뼈 가운데 특히 뇌를 간직했던 머리뼈 화석을 진화가 전개된 과정에 따라 나란히 배열해 놓아요. 여러 두개골 화석을 비교해 보면 침팬지와 꽤 흡사한 고인류에서 현생 인류까지 점진적이고 단계적으로 진화 과정이 전개되었음을 한 눈에 확인할 수 있습니다.

포유류가 여러 갈래로 진화하면서 700만 년 전에 한 조상으로부터 침팬지와 인간이 분화되었습니다. 그러니까 흔히 오해하듯이 침팬지*Pan troglodytes*가 인간의 조상이 아닌 거죠. 침팬지와 인간의 유전자 차이는 1퍼센트 정도로 미미하지만 한 조상으로부터 나와 서로 다른 길을 걸었어요.

최초의 인류는 오스트랄로피테쿠스*Australopithecus afarensis*인데요. 아프리카에서 화석이 발견되어 '남쪽의 원숭이'라는 뜻이에요. 직립해서 두 발로 걸었음을 골반과 발바닥 뼈, 무릎 관절 들의 화석으로 확인했어요. 자유로워진 두 손으로 간단한 도구를 사용했으리라 추정합니다. 1974년 인류학자들이 에티오피아의 계곡에서 그때까지 찾은 화석 가운데 가장 오래된 여성의 뼈 화석을 발견했어요. 방사성 동위원소로 분석한 결과 320만 년 전으로 밝혀져 지구촌이 술렁였지요. 발굴팀은 그 여성을 루시라고 이름 지었습니다. 120센티미터 키에 침팬지와 비슷한 얼굴의 루시를 인류의 어머니로 소개했습니다. 그 이후 더 오래된 화석도 발견되었지만 루시는 이미 상징적 존재가 되었지요. 오스트랄로피테쿠스의 뇌 용량은 500~700밀리리터인데 손으로 도구를 쓰면서 서서히 커져 갔습니다. 무리 지어 살면서 간단한 의사소통을 했어요.

170만 년 전에 등장했던 호모 에렉투스*Homo erectus*의 뇌 부피는 850~1200밀리리터로 커졌습니다. 이들이 아프리카를 벗어나 아시아, 유럽으로 진출했습니다. 자바 원인, 베이징 원인, 하이델베르크인이 그들이지요. 호모 에렉투스는 '직립한 사람'이란 뜻인데 오스트랄로피테쿠스 화석보다 먼저 발견되었기에 그 이름을 얻었어요. 불을 사용해 추운 겨울이 있는 온대 지역에서도 살 수 있었고 고기를 익혀 먹으며 뇌가 더욱 커졌습니다. 주먹 도끼로 불리는 돌망치를 썼지요. 언어로 소통했습니다.

40만 년 전에 나타났던 네안데르탈인*Homo neanderthalensis*의 뇌는 1200~1600밀리리터입니다. 침팬지의 4배에 이르는 수준입니다. 돌칼, 돌송곳, 돌창을 사용했으며 독일의 네안데르탈 계곡을 비롯해 유럽에서 주로 살았어요. 이라크의 동굴에서도 서른 살가량의 네안데르탈인 화석이 발견되었는데 시체를 매장한 자취가 남아 있었습니다. 시신 화석에서 꽃가루 화석이 발견되어 그 의미에 호기심을 불러일으켰지요.

4만 년 전부터 현생 인류의 시대가 열렸습니다. 호모 사피엔스 사피엔스*Homo sapiens sapiens*로 '매우 슬기로운 사람'이란 뜻입니다. 그들의 조상은 20만 년 전에 등장했던 호모 사피엔스입니다. 몇몇 아종으로 분화했던 호모 사피엔스 중 유일하게 살아남은 인류가 바로 그들이지요. 프랑스 크로마뇽에서 화석이 발견된 크로마뇽인은 4만 년 전~1만 년 전에 살았던 현생 인류입니다. 크로마뇽인의 뇌는 1500~1600밀리리터입니다. 무리 지어 살며 골각기(작살), 활과 창으로 사냥했는데요. 이들이 돌을 깨서 만든 도구를 뗀석기라 해요. 동굴에 다채로운 색깔로 벽화를 그리기도 했어요. 유전학자들은 현생 인류와 네안데르탈인이 교류했던 증거를 찾았습니

칼 폰 린네.

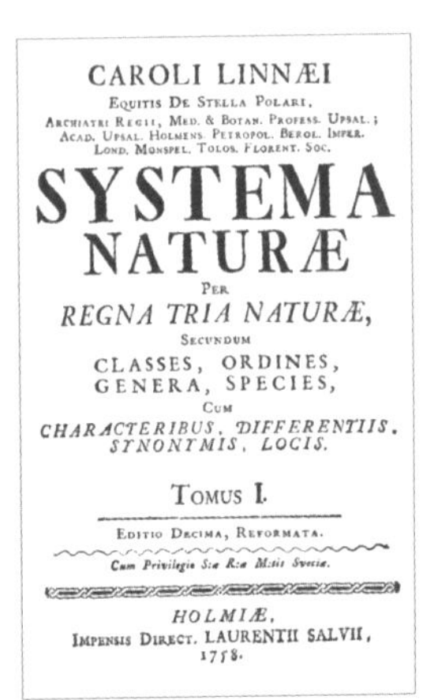

CAROLI LINNÆI
EQUITIS DE STELLA POLARI,
ARCHIATRI REGII, MED. & BOTAN. PROFESS. UPSAL.;
ACAD. UPSAL. HOLMENS. PETROPOL. BEROL. IMPER.
LOND. MONSPEL. TOLOS. FLORENT. SOC.

SYSTEMA
NATURÆ
PER
REGNA TRIA NATURÆ,
SECUNDUM
CLASSES, ORDINES,
GENERA, SPECIES,
CUM
CHARACTERIBUS, DIFFERENTIIS,
SYNONYMIS, LOCIS.

TOMUS I.

EDITIO DECIMA, REFORMATA.

Cum Privilegio S:æ R:æ M:tis Svecıæ.

HOLMIÆ,
IMPENSIS DIRECT. LAURENTII SALVII,
1758.

『자연의 체계』 1758년판 표제면.

다. 하지만 그들은 끝내 공존하지 못했어요. 인류에게 유전자 일부만 남기고 네안데르탈인은 멸종했습니다.

호모 사피엔스는 생물 분류학의 기틀을 마련한 칼 폰 린네Carl von Linne(1707~1778)가 지은 이름입니다. 그는 인간을 서술하는 항목에 고대 철학자의 말을 적었습니다. "Nosce te ipsum(노스케 테 입숨)." 라틴어로 "너 자신을 알라."라는 의미예요. 과학자들은 린네가 '자기 자신을 아는 능력'을 인간의 중요한 특성으로 꼽은 것이라고 풀이합니다. 린네는 1758년 『자연의 체계』 10판에서 인류를 '사람속*Genus Homo*'에 분류했어요. 대형 유인원인 인간, 침팬지, 고릴라가 같은 '사람과Family Hominidae'에 속합니다. 그러나 인간은 '슬기로운 사람*Homo sapiens*'이기에 다른 유인원과 구별된다는 뜻이지요.

인류는 수백만 년 전 나무에서 내려와 신생대의 풀숲에 적응해 번성한 동물입니다. 골반을 세우고 뒷다리로 직립 보행을 하며 뇌가 발달했습니다. 도구를 쥘 수 있는 엄지손가락과 언어를 말할 수 있는 발음 기관을 지니게 되었어요. 무리 지어 생활하면서 사회관계를 구축하고 경험과 지식을 대대로 전수해 점점 영리해졌습니다.

03.

인간과 자연

호기성 세균을 삼킨 1밀리미터보다
더 자그마한 세균이 21억 년이 지나자 키 165센티미터,
몸무게 52킬로그램의 여인으로 진화했어요.
인류가 어떻게 지구의 지배자가 되었을까요.

25 인간이 모르는 800만 종의 생물

자연사박물관에 전시한 화석이나 생물 표본, 박제에는 '이름'이 붙어 있습니다. 린네에서 비롯된 분류 체계를 알아볼까요. 생물을 자연적 특성에 따라 역-계-문-강-목-과-속-종, 8단계로 분류합니다. 생물종의 이름은 그 맨 아래 2단계인 속명과 종소명으로 표기하며 이를 학명이라 해요. 라틴어를 사용해 속명은 대문자, 종소명은 소문자로 쓰고 이명법이라고 합니다. 그 뒤에 아종이나 변종을 쓰거나 학명을 지은 사람과 연도를 표기하기도 하지요.

새로운 종을 발견한 사람이 종의 이름을 지어요. 구상나무는 사계절 내내 푸른 침엽수로 우리나라에서만 자생합니다. 아담하고 고운 수형이 빼어나 성탄절 트리로 세계적인 사랑을 독차지하는데요. 구상나무는 진핵생물역-식물계-나자식물문-소나무강-소나무목-소나무과-전나무속-구상나무로 분류하고 학명은 *Abies koreana*입니다. 명명자인 영국 식물학자 어니스트 헨리 윌슨의 이름과 발견 연도를 넣어 *Abies koreana* E. H. Wilson, 1920

지리산의 구상나무.

분류 단계	역	계	문	강	목	과	속	종
구상나무	진핵생물역	식물계	나자식물문	소나무강	소나무목	소나무과	전나무속	구상나무
	Eukaryota	Plantae	Pinophyta	Pinopsida	Pinales	Pinaceae	Abies	koreana
학명							*Abies*	*koreana*

으로 쓰기도 하지요.

호랑이 중 가장 몸집이 큰 백두산호랑이의 학명은 *Panthera tigris altaica*입니다. 호랑이*Panthera tigris*는 여러 종류의 아종이 있는데 그중 하나이지요. 아종은 종의 아래 단계로 다른 지역에

살거나 유전적 변이가 조금 일어난 무리인데요. 같은 종끼리 번식해서 대를 이을 수 있어요. 호랑이의 아종인 백두산호랑이와 수마트라호랑이*Panthera tigris sumatrae* 사이에서 새끼가 태어나 대를 이을 수 있는 거죠. 아종은 종의 다양성을 뜻할 뿐 아니라 환경에 적응해 새로운 종으로 분화하는 진화의 과정으로 이해할 수 있습니다.

분류 단위인 종은 서로의 유전자를 교환할 수 있는 무리, 그러니까 생식 능력이 있는 자손을 낳을 수 있는 무리를 뜻해요. 호랑이*Panthera tigris*와 사자*Panthera leo*는 인위 교배로 자손을 낳을 수 있지만 이렇게 태어난 라이거와 타이온은 자손을 낳을 수 없어요. 호랑이와 사자는 같은 종이 아닌 거죠. 늑대*Canis lupus*와 개*Canis lupus familiaris*는 자연 상태에서 대대로 자손을 낳을 수 있기에 같은 종입니다. 자연사박물관에 가면 화석과 생물 표본을 관찰하면서 생물종의 이름을 살펴보는 것도 또 하나의 즐거움을 주지요.

지구에서 살아가는 생물종은 1000만 종 이상이라고 추정합니다. 그런데 현재까지 겨우 200만 종이 밝혀졌어요. 이름 짓기는 사실 간단하지 않아요. 새롭게 발견되는 생물이 많은 데다 분류하기 어려운 특징을 지닌 생물이 많아요. 진화 생물학자들은 생명체에서 일어나는 끊임없는 변이가 생명의 본질이라고 규정합니다.

생물의 진화는 현재 진행형입니다. 종 분화가 계속 일어나거든요. 게다가 극한의 환경에서 간혹 유사종끼리 짝짓기 해 태어난 잡종이 자손을 낳아 대를 이어 가기도 합니다. 피터 레이몬드 그랜트 Peter Raymond Grant(1936~)와 바바라 로즈메리 그랜트Barbara Rosemary Grant(1936~)는 갈라파고스 섬들에 사는 핀치새들이 극심한 기후 변화를 겪으면서 유사종끼리 번식하고 자연 선택되는 현장을 목격하고 종 분화의 과정을 밝혀냈지요. 그랜트 부부는 화석에서 발견되는 진화의 흔적보다 살아 있는 생명체에서 일어나는 변이가 훨씬 다채롭고 드라마틱하다고 강조합니다.

모든 생물은 세포로 되어 있습니다. 눈에 보이지 않는 아주 작은 세균도 세포이지요. 세포 안에 들어 있는 유전자의 설계도에 따라 자기 복제를 하면서 살아가요. 세포는 주변과 생체막을 경계로 자연에서 분리되어 생명을 획득했습니다. 38억 년 전~35억 년 전 생체막 안에 유전자를 지닌 하나의 세포에서 생명이 시작되었어요. 이 원핵생물은 21억 년 전 유전자를 핵막으로 감싸 핵을 갖는 진핵생물로 진화하고 엽록체와 미토콘드리아 등의 세포 소기관을 지니게 되었습니다. 15억 년 전이 되면 진핵세포들이 모여 다세포 생물로 진화했습니다. 8억 년 전에 이르면 암수의 생식 세포가 분화해 유성 생식을 하면서 다양한 유전자 조합을 지닌 자손을 낳았어요. 5억 3000만 년 전에 생물종은 대폭발의 시대를 맞이했습니다.

생물종의 특성을 바탕으로 여러 차례의 논의와 수정을 거쳐 20세기 초 생물을 원핵생물계, 원생생물계, 균계, 식물계, 동물계로 분류했어요. 분자 생물학의 발달로 이 5계 분류 체계는 20세기 후반에 변화합니다. 원핵생물계를 세균역과 고세균역으로 나누고 나머지 생물계를 묶어 진핵생물역으로 분류했어요. 3역(세균역, 고세균역, 진핵생물역) 6계(세균계, 고세균계, 원생생물계, 식물계, 균계, 동물계)의 분류 체계로 발전했습니다. 세균역에는 세균계, 고세균역에는 고세균계, 진핵생물역에는 나머지 생물계가 포함됩니다. 과학이 더 발전하면 이 분류 체계는 또 변하고 이름도 바뀔 수 있겠지요.

세균역의 진정세균(세균)은 핵막이 없는 단세포 원핵생물입니다. 박테리아라고 부르지요. 고세균역의 고세균은 극한 환경에서 서식하며 핵막이 없는 단세포 원핵생물이지만 유전자를 복제하고 단백질을 합성하는 과정이 세균보다 진핵생물과 더 가까워요.

진핵생물역은 핵막으로 된 핵을 지닌 모든 생물을 아우르는데요. 그 가운데 식물계, 균계, 동물계를 제외한 생물을 합쳐 놓은 무리가 원생생물계입니다. 아메바와 짚신벌레 등의 원생동물과 녹조류와 홍조류 등의 조류가 원생생물계에 속하지요. 식물계에는 광합성을 하며 고착해서 생활하는 다세포 진핵생물이 속합니다. 균계는 엽록체가 없고 버섯, 곰팡이처럼 가늘고 긴 원통형의 균사로 된 진핵생물 무리이지요. 동물계는 세포벽과 엽록체가 없고 먹이를 능동적으로 섭취하는 다세포 진핵생물이 속합니다.

단순한 생물부터 복잡한 기관을 갖춘 생물에 이르기까지 저마다 독특한 방법으로 생존하고 번식합니다. 벌, 개미와 같은 곤충은 집단 전체가 마치 한 개체처럼 살아가기도 하지요. 이런 관계를 형성하는 곤충을 사회성 곤충이라고 합니다. 생물 개체군 사이에도 공생하거나 기생, 종간 경쟁, 분서(나누어 살기) 또는 먹이 사슬을 통해 관계를 맺고 있어요.

생태계는 생물종이 다양하고 복잡한 먹이 관계를 유지할 때 안정됩니다. 다양한 생물이 먹이 연쇄를 형성해 복잡하고 촘촘한 그물을 이룬 생태계에서 어떤 생물종이 사라지면 어떻게 될까요. 그럼 다른 생물이 그 자리를 대신해 먹이 관계가 회복되고 안정을 되찾습니다. 그러나 먹이 그물이 단순한 생태계는 그렇지 않아요.

어떤 생물종이 사라지면 그것을 먹이로 삼아 온 포식자는 빠르게 줄어들어요. 반면에 사라진 생물종의 피식자는 가파르게 늘어나 먹이 관계의 균형이 깨지고 생태계는 위태로워집니다.

서대문자연사박물관에 마련한 생태 피라미드 색칠 놀이에 많은 어린이가 찾아옵니다. 그런데 종종 빨간 경고등이 켜지는데요. 초식 동물보다 육식 동물이 더 많아져 벌어지는 일이지요. 먹이 사슬을 따라 다음 단계의 포식자로 전해지는 에너지는 불과 10퍼센트 정도이기 때문에 상위 영양 단계로 올라갈수록 개체수가 적어야 합니다. 생태계 놀이를 할 때 호랑이, 표범보다 토끼, 사슴 들을 더 많이 채색해 자연으로 내보내야 지구 생태계를 지킬 수 있답니다.

인간에 의해 가속되는 생물의 대량 멸종과 온난화는 자연의 회복력을 약화시키고 있습니다. 그나마 자연의 경고를 인류가 인식하고 있다는 사실은 다행스럽지요. 그러나 우리가 자연을 바라보는 관점과 생활 방식을 대대적으로 바꾸지 않는다면 문제를 해결하기 어려워요. 이익을 좇아 자연을 파괴하는 일도 서슴지 않는 행태를 버리고 지나친 인간 중심주의에서도 물러서야 합니다. 자연사는 변화하는 자연이 선택한 생물에게 미래를 열어 주었거든요.

26 잎도 줄기도 뿌리도 없는 식물

식물의 잎, 줄기, 뿌리는 생존을 위한 영양 기관입니다. 씨앗, 꽃, 열매는 번식을 위한 생식 기관이고요. 고생대 육상에 등장했던 식물은 바다에서 육지로 떠밀려 와 처음에는 잎, 줄기, 뿌리의 형태를 갖지 못했어요. 식물의 조상은 바다에 사는 녹조류인데요. 오존층이 해로운 자외선을 흡수해 안전하게 육지에 정착했지요.

최초의 식물은 이끼입니다. 최초의 육상 광합성 생물이지요. 이끼는 잎, 줄기, 뿌리와 같은 기관이 없어요. 땅바닥에 붙어서 마치 스펀지처럼 물을 흡수해요. 축축한 땅에 사는 이 작은 식물은 잎과 비슷하게 생긴 엽상체와 헛뿌리로 되어 있고, 포자로 번식합니다. 말랑말랑하기 때문에 화석은 발견되기 어려워요.

가장 오래된 식물 체화석은 4억 3000만 년 전 영국 웨일스의 고생대 실루리아 지층에 묻혀 있던 쿡소니아*Cooksonia pertoni*입니다. 쿡소니아는 원시 물관을 지닌 작은 관다발 식물이어요. 이끼에는 없던 잎, 줄기, 뿌리가 생긴 식물로 양치식물이라 합니다. 관다

이끼의 모습.

발에는 물관과 체관이 있는데, 물관은 뿌리에서 흡수한 물과 무기 염류를 나르고 체관은 광합성으로 만든 양분을 나르지요. 이 관다발은 식물체를 곧게 서게 하며 잎, 줄기, 뿌리에 분포해 있습니다.

그런데 왜 양치식물로 이름 붙였을까요. 고사리 잎이 마치 양의 이빨처럼 가지런해서랍니다. 이들 양치식물은 포자로 번식하는데요. 고사리 잎의 뒷면을 보면 포자주머니에 포자가 잔뜩 들어 있습니다. 이끼식물과 달리 키가 자란 양치식물은 포자를 더 멀리 퍼트릴 수 있었어요. 고생대 석탄기에 울창하게 번성했지요.

식물이 잎, 줄기, 뿌리와 같은 영양 기관을 지니면서 한층 더 분화했습니다. 자신이 살고 있는 공간을 벗어날 수 있는 절호의 기회를 이용했지요. 땅에 뿌리를 두고 있는 식물에게 번식은 매우 특별한 기회이거든요. 종자를 만들었는데요. 단세포인 포자에 비해 씨앗은 다세포예요. 엄연한 생식 기관으로 분화했습니다. 축축한 땅속에서 포자가 발아하고 수정하는 방법을 더 이상 쓰지 않게 되었어요. 자신의 몸에서 수정할 수 있으니까요. 씨앗은 고등한 식물체가 될 배와 양분을 저장하는 배젖도 갖췄습니다. 게다가 종자식물은 씨앗을 퍼트릴 수 있는 안전하고 다채로운 방법을 고안할 수 있었지요. 털이나 얇은 날개를 지녀 가벼이 바람을 타는 씨, 물에 둥둥 떠서 멀리 흘러가는 씨, 동물의 몸에 부착되는 갈고리를 지닌 씨, 맛있는 열매로 동물에게 먹히는 씨 들이 생겼어요.

종자식물에는 겉씨식물과 속씨식물이 있는데요. 겉씨식물은 씨방이 없어서 밑씨가 겉으로 드러나 있어요. 솔방울을 보면 겹겹이 쌓인 비늘 조각들 안에 씨앗이 들어 있는데요. 솔방울이 툭 터지면서 날개 달린 씨앗이 바람을 타고 날아가며 번식합니다.

겉씨식물 중 은행나무*Ginkgo biloba*는 고생대 페름기에 등장해 대멸종을 이겨 내며 거의 변하지 않았어요. 그래서 살아 있는 화석으로 불려요. 딱 1종(1문-1강-1목-1과-1속-1종)만 살고 있는데 한국에선 흔한 나무인 것 같지만 세계적으로는 멸종 위기종이지요.

오늘날 식물 전체 종의 90퍼센트를 차지할 정도로 번성한 식물은 속씨식물입니다. 속씨식물은 씨앗을 보호하는 씨방이 있어요. 씨방 안에 밑씨가 들어 있어서 씨앗이 보이지 않아요. 씨앗을 보호하고 퍼트리기 위해 아름다운 기관으로 더욱 진화한 거죠. 꽃잎과 꽃받침을 지닌 속씨식물만 꽃을 피우는데요. 겉씨식물인 소나무는 꽃도 피지 않고 열매도 없지요.

꽃은 매우 정교하게 계획된 기관입니다. 암술의 구조, 꽃가루와 꽃가루관의 구조와 발아 속도는 번식을 위해 최적화되었지요. 꽃잎의 색깔과 구조는 당연하고요. 암술과 수술의 위치도 자화 수분(한 꽃에서 이루어지는 수분)을 막고 유전적 다양성을 높이도록 설계되었지요. 고도로 섬세한 꽃의 진화는 곤충의 치밀한 협력을 통해 완성되었습니다. 속씨식물은 키 큰 겉씨식물을 제치고 중생대에 빠르게 번성해 신생대에는 지구 곳곳을 풀숲으로 변모시켰어요.

속씨식물이 수정을 하면 씨앗을 맺고 씨방이 자라서 열매로 성숙합니다. 곤충, 새 들은 덜 익은 열매는 건드리지 않아요. 익지 않은 열매에는 독성이 있는 방어 물질이 있거든요. 곤충은 더 맛있는 향기가 나는 여문 열매를 찾아요. 벌레 먹은 과일이 더 맛있는 이유입니다. 성숙한 씨앗을 퍼트리려는 식물의 전략이지요.

꽃이 피는 식물은 꽃과 열매로 성공을 거두었어요. 우리가 먹는 대부분의 곡식과 과일이 속씨식물입니다. 꽃의 향기와 빛깔뿐 아니라 달콤한 열매는 곤충과 새 들의 진화를 자극했어요. 수많은 무척추동물과 척추동물을 탄생시켰습니다. 곤충은 동물계에서 제일 많은 종을 차지하지요. 조류는 물에 사는 어류를 제외하면 척추동물 중 가장 다양한 종으로 분화했거든요.

꽃은 곤충을 유인하기 위해서, 곤충은 꿀을 찾기 위해서 둘은 서로 도우며 진화했습니다. 이렇게 상호 작용하며 진화하는 현상을 공진화라고 해요. 난초 애호가였던 다윈은 꿀샘 관이 30센티미터나 되는 난초*Angraecum sesquipedale*를 선물 받고 긴 주둥이를 지닌 곤충이 있을 것이라고 예견했어요. 다윈이 죽은 후 그의 예언처럼 난초의 꽃가루받이에서 필수적인 긴 주둥이의 박각시나방*Xanthopan morganiiparaedicta*이 발견되었어요. 평소에 돌돌 말려 있는 흡관이 꿀을 빨 때 30센티미터가량 펴지는 이 난초의 별명은 '다윈난'이에요.

고생대 육지에 정착한 광합성 식물은 기관이 없는 단순한 식물에서 시작해 잎, 줄기, 뿌리를 발달시키고 다시 씨앗을 만들었습니다. 중생대에 이르러 꽃을 피워 오늘에 이른 거죠. 기관이 없는 이끼식물, 영양 기관을 발달시킨 양치식물, 영양 기관에 더해 생식 기관인 씨앗을 지닌 겉씨식물, 여기에 생식 기관인 꽃과 열매로 더욱 진화한 속씨식물에 이르렀습니다. 식물은 광합성으로 양분과 산소를 만들어 육상 동물이 살 수 있는 풍요로운 터전을 마련했습니다. 게다가 맛난 꽃가루와 열매를 지닌 속씨식물이 무성하게 진화하는 길을 따라 먹이 사슬을 통해 다채로운 육상 동물이 늘어나고 진화했어요. 신생대에 번성한 조류뿐 아니라 포유류의 조상은 곤충을 잡아먹던 벌레잡이 동물이었지요.

고생물학자들은 중생대 백악기 지층에서 발견된 속씨식물의 화석이 다른 종류의 화석과 달리 갑자기 다양한 종이 폭발적으로 등장해 의아해하고 있어요. 속씨식물이 언제 처음 등장했는지 그 기원은 아직 베일에 싸여 있습니다. 호주와 뉴질랜드 사이에 있는 뉴칼레도니아섬에서 어여쁘게 서식하고 있는 암보렐라*Amborella trichopoda*는 가장 원시적인 형태의 속씨식물인데요. 그 원시 꽃 안에 숨은 미스터리를 언제쯤 풀 수 있을까요.

27 땅속에 사는 거대한 생물

식물이 서로 대화한다고 하는데, 잘 믿어지지 않지요. 입도 귀도 없는데 어떻게 대화하는지 의문이 드는 것이 당연합니다. 더구나 식물이 인터넷을 한다는 말은 전혀 이치에 맞지 않겠지요.

그런데 식물이 대화한다는 사실은 생물학자들 사이에서 널리 알려졌어요. 물론 식물은 소리도 내지 못하고 입도 없는 만큼 대화 방식이 독특해요.

아프리카 초원의 아카시아*Acacia* 나무들 사이의 대화는 그들이 지닌 향기로 이루어집니다. 아프리카에서 높이 자라는 아카시아 나무에게 가장 위협적인 동물은 기린*Giraffa*인데요. 몸집만큼 엄청나게 좋은 먹성을 지닌 기린이 다가오면 아카시아 나무는 두려울 수밖에 없겠지요. 아카시아는 기린이 나뭇잎을 먹기 시작하면 몇 분 안에 잎으로 유독 물질을 내보냅니다. 맛이 변한 것을 알아차린 기린은 다른 나무로 빠르게 옮겨 가지요.

그런데 정말 이상합니다. 기린이 바로 옆 나무들로 가는 게 아니라 100미터나 멀리 떨어진 곳으로 곧장 걸어가요. 아카시아가 에틸렌가스를 뿜어 주변 나무들에게 경고를 준 거예요. 그 신호를 받은 다른 나무도 똑같이 이웃에게 알려 주거든요. 저마다 탄닌과 같이 쓴맛을 내는 물질을 잎으로 방출합니다. 기린은 멀리 떨어진 곳으로 가서 아직 가스 향기를 맡지 못한 나무의 잎을 뜯는 거죠. 가능하면 바람의 반대 방향으로 갑니다. 향기가 공기를 타고 퍼져 가니까요.

식물의 대화 수단은 비단 향기만이 아닙니다. 1997년 과학 학술지 《네이처》에 흥미로운 논문이 실렸어요. 인간이 월드 와이드 웹World Wide Web을 통해 정보를 주고받듯 숲에서 나무와 나무를 이어 주는 네트워크가 작동하고 있다는 내용이지요. 캐나다 삼림 생태학자 수잔 시마드Suzanne Simard(1960~)의 논문에 따르면 나무와 나무뿌리에 사는 균류가 서로 돕는 상리 공생의 네트워크를 이루고 있습니다.

균류는 버섯, 곰팡이처럼 가늘고 긴 균사로 된 생물입니다. 균류는 동식물의 사체를 분해해 생태계를 깨끗이 유지하지요. 균류가 얻은 질소와 인 같은 무기 양분을 식물에 주고 식물은 광합성으로 만든 탄수화물을 균류에게 줍니다. 균류는 식물과의 관계처럼 조류藻類와도 공생하면서 서로 도움을 주고받아요. 녹조류와 같이 물속에서 광합성을 하는 생물을 조류라고 하는데요. 균류와 조류의 공생체(다른 종류의 생물이 서로 이익을 주고받으며 함께 살아가는 생물체)를 지의류地衣類라고 해요.

지의류는 척박한 맨땅을 개척해 숲을 만드는 일등 공신입니다. 균류가 돌 속의 무기질을 흡수하면서 풍화 작용을 일으키고 여기에 죽은 지의류가 더해져서 비옥한 흙이 만들어지기 때문이지요. 고생대 지층에서 프로토택사이트*Prototaxites*라는 초거대 육상 균류의 화석이 발견되었는데요. 이 균류는 녹조류가 육지 식물로 정착하도록 도왔을 것으로 추정합니다. 조류는 균류의 도움으로 극지방이나 사막, 우주에도 살 수 있어요.

균류가 나무뿌리에 하얀 실처럼 촘촘하게 엉켜 균근을 형성하는데요. 나무는 숲의 지하 세계에서 서로 이어진 균근 연결망을 통해 무기 양분, 유기 양분을 교환할 뿐 아니라 서로 정보를 주고받으며 돕고 있어요. 그 거대한 연결망의 중심은 숲속에서 가장 크고 나이 많은 나무가 맡지요. 그래서 어머니 나무라 부릅니다.

이러한 거대한 숲의 연결망을 《네이처》는 우드 와이드 웹The Wood-Wide-Web으로 이름 붙였습니다. 인터넷망 WWW의 월드

world를 우드wood로 재치 있게 바꾼 거죠. 인류가 인터넷을 만든 것은 1989년이지만, 균류의 거대한 생물 통신망 '우드 와이드 웹'을 식물과 공유한 것은 수억 년 전부터입니다.

과학계 일각에선 이웃 나무의 성장을 방해하는 사례도 있다며 신중한 입장을 보이기도 합니다. 하지만 그들도 숲 아래에 촘촘한 균근의 연결망이 있다는 사실을 부정하지는 않습니다. 숲속의 그 연결망을 나무들의 사회관계망SNS으로 부를 수 있겠지요.

현재 발견된 가장 큰 균류는 꿀버섯*Armillaria ostoyae*입니다. 균사체는 땅속이나 나무에 숨어 있어서 보이지 않는데요. 몸집이 9제곱킬로미터에 이르고 몸무게 3만 톤으로 나이는 2400살로 추정하고 있습니다.

곤충은 우리와 굉장히 친해요. 집 안에서도 함께 살고 있습니다. 파리, 모기, 쌀바구미는 대부분 징그럽게 여기지만 나비, 잠자리, 장수풍뎅이처럼 어린이가 좋아하는 곤충도 많지요. 물론 곤충은 질병을 옮기기도 해요. 하지만 식물의 중매쟁이, 초원의 청소부 노릇을 하며 사막이나 북극과 같이 극한의 환경에서도 살 수 있는 뛰어난 적응력을 지녔어요.

오늘날 동물 중에서 가장 많은 종으로 분화한 동물이 바로 곤충입니다. 척추동물과 무척추동물을 다 합친 전체 동물 종의 무려 70퍼센트 이상을 차지합니다.

곤충은 고생대 실루리아기 바다에 살았던 절지동물이 육상에 적응한 무척추동물입니다. 머리, 가슴, 배로 이루어진 원시 곤충은 3억 5000만 년 전 석탄기에 이르러 날개를 갖추고 하늘을 지배했습니다.

곤충은 날개를 지닌 최초의 동물입니다. 새와 박쥐도 날개가 있지만 곤충과는 발생 기원이 달라요. 새의 날개는 앞다리, 박쥐는 앞발가락이 변형되었지만 곤충은 무척추동물이라 등껍질이 변형되어 날개가 되었어요.

SF(공상 과학) 영화에 나오는 거대 곤충들이 실제로 존재했는데요. 고생대 석탄기 지층에서 날개폭이 70센티미터가 넘는 곤충 화석, 참새만 한 하루살이 화석, 고양이만 한 바퀴벌레 화석이 발견되었지요. 그 당시에는 산소 농도가 35퍼센트 정도로 현재 21퍼센트에 비해 매우 높아 생물들이 큰 에너지를 생산할 수 있었어요. 공기의 밀도가 높아 뜨는 힘(부력)이 커서 비행도 쉬웠어요. 잠자리와 비슷하게 생긴 메가네우라*Meganeura quatpenna*는 날개 길이 33센

프랑스에서 발견된 메가네우라과 화석.

티미터, 날개폭 71센티미터, 몸길이 43센티미터인 거대 곤충입니다. 고생대 석탄기~페름기에 번성했어요.

고생대 페름기의 대멸종은 곤충에게도 예외가 아니었습니다. 이때 30퍼센트가 넘는 곤충 종이 멸종했거든요. 그럼에도 현재 가장 많은 종으로 다양화하고 번성했어요. 곤충이야말로 자연사를 가장 잘 터득한 동물이라 할까요. 공룡보다 훨씬 앞서 등장했지만 여러 차례의 대멸종에도 사라지지 않았고 더욱 번성했으니까요. 대다수의 동물이 대멸종에서 살아남지 못했던 것과 대조가 되지요.

곤충학자들은 만약 핵폭발이 일어나더라도 바퀴벌레는 살아남을 거라고 예측합니다. 우리가 생각하는 것과 달리 바퀴벌레는 똥과 시체를 분해하는 분해자이며 아주 일부만 해충이에요.

자연사를 되짚어 보면 동물은 유리한 환경이 되면 몸집을 키우고 생태계의 우위를 차지합니다. 하지만 동물의 대형화는 불리한 환경이 되었을 때는 오히려 독소로 작용하지요. 멸종의 중요한 요인이 됩니다. 곤충은 중생대 백악기부터 작은 체구를 유지해 왔어요. 이미 중생대에 진화를 거의 마쳤다고 할 정도로 생존의 고수이지요. 이 시기는 곤충의 천적인 조류가 나타났던 때이며 꽃식물이 대대적으로 번성하기 시작했던 시간입니다.

몸집이 작은 생물에게는 많은 먹이가 필요 없어요. 작은 몸에 달린 날개로 천적으로부터 재빨리 숨을 수 있지요. 곤충의 두터운 외골격도 도움이 됩니다. 화학 물질에 강한 키틴질로 몸을 보호하고 건조한 기후를 견딜 수 있어요. 앞날개까지 딱딱한 딱정벌레가 가장 많은 종을 차지하는데 곤충의 40퍼센트에 이르지요. 썩은 물도 먹을 정도로 못 먹는 먹이가 없을 만큼 식성이 분화되었어요. 탈바꿈을 통해 세대 간에 다른 먹이를 섭취하기 때문에 먹는 경쟁에서도 자유롭습니다. 나뭇잎을 갉아먹던 나비 애벌레는 어른벌레가 되면 꿀을 먹으니까요.

단단한 껍질로 몸을 보호하는 곤충은 탈바꿈을 하면서 자라는데요. 곤충의 탈바꿈은 신비롭습니다. 잠자리, 매미, 메뚜기는 알–애벌레–어른벌레로 변하는 불완전 탈바꿈을 해요. 좀 더 진화된 나비, 벌, 파리, 딱정벌레는 알–애벌레–번데기–어른벌레로 변하는 완전 탈바꿈을 하지요. 사실 탈피는 굉장히 위태로운 일입니다. 숨조차 쉬지 않고 허물을 벗을 때 쉽게 상처가 나고 심지어 죽기도 하지요.

나비 애벌레가 위험을 무릅쓰고 번데기에서 나비가 되는 과정을 알고 있나요. 번데기 안에서 벌어지는 사건을 알면 탄성이 절로 나옵니다. 나비 애벌레는 극히 필수적인 세포만 남겨 두고 끈적끈적하게 다 녹았다가 완전히 새로운 조직과 기관을 만들어 냅니다. 기존의 기관을 변형시키거나 고쳐 쓰는 게 아니라 새로 창조하는 거죠. 곤충의 한살이는 비범합니다.

참고로 거미, 진드기는 곤충이 아닙니다. 곤충은 머리, 가슴, 배와 2쌍의 날개, 3쌍의 다리를 지니고 있어요. 거미와 진드기는 머리가슴과 배의 2부분으로 되어 있고 날개가 없으며 4쌍의 다리를 지녀 전갈과 더 가깝지요.

29 지느러미뼈가 진화하면서 일어난 일

인간이 척추동물이라 대부분의 동물이 그렇다고 생각하기 쉬운데요. 정반대입니다. 곤충처럼 등뼈가 없는 무척추동물이 전체 동물의 90퍼센트를 넘어요. 곤충, 거미, 지렁이 들을 제외하면 거의 바다에서 살아요.

무척추동물은 각양각색이어요. 동물계에 속하는 무척추동물은 다세포로 되어 있는데 조직이 전혀 없는 동물에서 고도로 발달된 기관을 지닌 동물에 이르기까지 다채롭습니다. 생식세포 없이 번식하는 무성 생식에서 암수의 생식세포가 수정해 다양한 유전자를 만드는 유성 생식으로 진화했어요. 동물은 수정란이 개체로 생장하는 발생 과정에서 여러 조직과 기관이 분화되는데요. 단세포로 된 수정란이 세포 분열을 하면서 점차 배아로 자라는데 둥근 주머니 모양으로 커져요. 그러다가 한곳이 안쪽으로 함입되면서 안과 밖의 세포층으로 분리되고(2배엽) 다시 그 사이에 또 하나의 세포층이 분화합니다(3배엽). 밖의 세포층을 외배엽, 안쪽을 내배엽, 가운데를 중배엽이라고 해요. 배엽이란 발생 과정에서 특정한 조직이나 기관을 분화시키는 세포층입니다. 외배엽은 감각계와 신경계로, 내배엽은 소화계와 호흡계로, 중배엽은 근골격계와 순환계와 생식계 등으로 분화되는데요. 이런 분화 과정의 차이로 동물마다 다양한 특징을 지니게 되지요.

무척추동물 중 가장 단순한 동물은 해면동물입니다. 구멍 난 스펀지 모양으로 물과 함께 미생물을 빨아들여 걸러 먹고 몸통 가운데 큰 구멍으로 물을 내보내요. 세포층이 분화되지 않아 무배엽성 동물이라 하는데 여러 개체가 모여 군체를 이루지요.

식물로 오해 받기도 하는 산호는 비록 뇌가 없지만 신경 세포

산호의 모습.

가 분화된 무척추동물입니다. 단순한 소화 조직을 지녔어요. 산호는 외배엽과 중배엽을 지닌 2배엽성 동물인데요. 바깥쪽의 외배엽은 표피와 신경 세포로, 안쪽의 내배엽은 소화 겸 호흡 조직으로 분화되었습니다. 뾰족뾰족해 보이는 산호의 촉수 안에는 자포세포가 있는데요. 여기서 실 모양의 화살촉을 쏘아 먹이를 잡는다고 해서 자포동물이라고 합니다. 산호는 공생하는 해조류한테서도 많은 영양분을 얻는답니다.

납작한 편형동물인 플라나리아는 더욱 발달된 소화 기관, 배설 기관, 중추 신경인 원시적인 뇌를 지녔어요. 외배엽과 내배엽 사이에 중배엽의 분화가 일어나기 시작한 3배엽성 동물이지요. 고생대에 번성기를 누렸던 완족동물은 혈관, 심장과 같은 순환 기관도 있어요.

지렁이는 둥근 고리 모양의 마디로 된 환형동물인데요. 환형동물에 이르면 신경계를 비롯해 독립적인 소화, 배설, 순환, 생식 기능을 할 수 있습니다. 외배엽, 내배엽뿐 아니라 근육과 순환계로 분화된 중배엽을 갖는 3배엽성 동물이지요. 3배엽성 동물은 좌우 대칭의 형태를 지니며 앞쪽 머리에 집중된 신경 세포로 효율적인 포식 활동을 할 수 있습니다.

연한 외투막의 연체동물에는 조개와 오징어, 외골격의 몸이 마디마디인 절지동물에는 곤충과 새우, 고슴도치 같은 피부의 극피동물에는 불가사리와 성게가 있는데요. 더욱 고등한 기관을 지닌 3배엽성 무척추동물이지요. 신경계와 감각 기관, 운동 기관으로 사냥하고 소화 기관, 순환 기관, 배설 기관을 통해 먹잇감에서 영양소를 섭취해요. 호흡을 통해 에너지를 생산하며 생식 기관으로 번식하지요. 작은 몸속에서 다양한 기관이 유기적으로 작용해서 힘차게 살아가요.

투구게*Tachypleus tridentatus*는 무척추동물의 전성기였던 고생

투구게의 모습.

대 때의 모습을 그대로 간직하고 있어요. 살아 있는 화석이에요. 꼬리에 달린 긴 가시와 배에 난 6쌍의 작은 가시가 매우 인상적이지요. 삼엽충과 같은 절지동물이지만 거미, 전갈과 더 가까운 친척입니다. 투구게의 혈액에는 몸에 침입한 세균을 신속하고 민감하게 방어하는 면역 물질이 들어 있는데요. 최근 의약품의 독성 검사를 위해 투구게를 무분별하게 포획해 실험용으로 이용하고 있습니다. 그 결과 멸종 위기종이 되었지요.

중생대를 대표하는 표준화석인 암모나이트*Ammonoidea*는 연체동물입니다. 고생대 데본기에 등장해 1만 종으로 번성했는데요. 크기가 2센티미터에서 2미터에 이를 정도로 다양하며 몸무게가 최대 1톤 이상이었을 것으로 추정해요. 나선 모양의 껍데기는 형태와 무늬가 매우 다채로운데 사실은 오징어와 먼 친척이어요. 중생대 지질층을 판별할 수 있는 잣대일 뿐 아니라 당시의 바다 생태계를 연구하는 데 중요한 화석이지요.

극한의 환경에서도 무척추동물이 발견되었습니다. 깊은 바다 뜨거운 열수 분출공에 사는 관벌레*Riftia pachyptila*는 지렁이와 친척인 환형동물입니다. 몸길이 2미터, 몸통은 5센티미터 정도 되는데 본디 입이나 창자, 항문 등의 소화 기관이 없지만 다 자란 후

몸속에서 황세균과 공생합니다. 황세균으로부터 화학 합성의 영양소를 얻어 살아가는 거죠.

게다가 관벌레가 죽은 후에 남은 관벌레 화석을 먹이로 하는 생물도 있습니다. 2000년 전에 이미 화산 활동이 멈춘 북극의 심해에서 벌어진 일입니다. 햇빛도 없고 일 년 내내 두꺼운 얼음으로 덮인 바다 속에서 몸길이 1미터, 몸무게 25킬로그램이나 되는 거대한 해면동물이 번성하고 있었습니다. 이 해면의 나이가 무려 300살이라고 해요. 해면의 몸에 공생하는 미생물이 딱딱한 관벌레 화석을 소화시키며 살고 있었어요. 이 미생물 덕에 매서운 추위의 극지 바다에서 가장 단순한 동물이 살 수 있어요.

척추동물은 가장 발달된 3배엽성 동물입니다. 물렁한 등뼈를 지닌 척삭동물이 단단한 등뼈의 척추동물로 진화했습니다. 척추동물의 등뼈 안에는 척수라는 중추 신경이 들어 있어요. 척추를 중심으로 몸을 지탱하면서 골격을 형성하고 척수 앞쪽에 뇌를 발달시켰습니다. 또 뇌를 보호하는 머리뼈, 척수를 보호하는 척추, 그리고 내장 기관을 보호하는 갈비뼈 덕분에 몸을 지킬 수 있어요. 금붕어와 같은 작은 물고기도 등뼈와 머리뼈, 갈비뼈가 있지요. 뼈 속에는 혈액을 만드는 골수 세포가 들어 있어요. 이 세포는 몸속 칼슘과 같은 무기질의 균형을 유지하는 역할을 합니다.

뼈는 운동 기관으로도 매우 훌륭합니다. 물고기의 지느러미뼈가 다리로 진화하면서 양서류, 파충류, 포유류, 조류가 등장했습니다. 근육이 수축하고 이완하면서 뼈가 움직일 때 지렛대의 원리가 작동해요. 작은 힘으로 몇 배 더 큰 일을 하는 이득을 얻고 정밀한 작업을 할 수 있지요. 몸 안에 근골격계를 지닌 척추동물이 힘센 데는 이런 이점이 한몫했습니다.

참고로 아메바, 짚신벌레는 원생동물로 부르지만 단세포 생물이라서 동물이 아니에요. 원생생물계에 속합니다. 우리가 사용하는 석유와 가스는 원생동물이 고생대 바다 밑에 퇴적된 거예요. 신생대 표준 화석인 화폐석은 아메바형 원생동물인 유공충으로 탄산 칼슘 껍질을 지녀 동전처럼 생겼습니다.

30 지구를 누비는 청소부

최초로 광합성을 한 생물, 지금도 산소가 없는 곳에서 생존하는 생물. 극한의 환경에서 거침없이 사는 생물. 이 놀라운 생물의 정체는 누구일까요.

바로 세균입니다. 세균은 가장 작은 생물이기도 하지요. 원시적인 핵을 지니고 있어서 원핵생물이라고 부르지요. 세균은 한 개의 세포로 되어 있는데 세포막 안에 유전자가 산재되어 있어요. 핵막으로 둘러싸인 핵이 없어서 유전 물질이 세포 안에 퍼져 있는 거죠. 대개 0.0002~0.01밀리미터(0.2~10마이크로미터)의 크기로 맨눈으로는 볼 수 없고 광학 현미경으로 볼 수 있습니다. 하지만 원시적이라거나 너무 작다고 얕보면 절대 안 됩니다.

세균의 생활 방식은 무궁무진합니다. 빛을 이용하는 세균도 있고, 빛이 없어도 무기물과 유기물 등 자연의 물질로 화학 합성을 해서 에너지를 얻기도 해요. 산소를 이용해 호흡하는 세균도 있지만 산소를 이용하지 않는 세균도 있어요.

최초로 광합성을 한 남세균은 산소혁명을 일으켜 지구 생태계를 송두리째 바꿔 놓은 주인공이지요. 삭막했던 지구를 푸르게 만들고 고등 동물을 등장시켰던 생물이어요. 햇빛을 이용해 포도당을 합성하고, 콩과식물의 뿌리혹박테리아처럼 공기 중에 있는 질소를 이용해 단백질과 유전 물질을 만드는 능력도 지녔지요.

바다 속 열수 분출공을 생물이 살 수 있는 심해 오아시스로 만든 주역도 세균입니다. 햇빛과 산소가 없는 환경에서 뜨거운 물과 광물질을 이용해 화학 합성으로 에너지를 만드는 세균의 능력 덕분이지요. 동굴도 열수 분출공 생태계와 비슷해요. 햇빛과 산소가 없는 곳에서 이 세균은 황산염과 질산염으로 에너지를 생산해요. 배출된 황산으로 동굴이 조금씩 넓혀지고 지하 생태계가 구축되었어요. 과학자들은 지구에서 최초로 생물이 등장했던 환경도 이와 유사했으리라 생각합니다.

무산소 호흡(무기 호흡)을 하는 세균은 생물의 몸속에도 살고 있답니다. 소가 질긴 풀만 먹어도 건강한 이유는 세균 덕택이지요. 되새김 동물의 위에 공생하는 메테인 생성균이 섬유소를 분해할 수 있는 효소를 만들거든요. 세균이 섬유소를 분해해 소에게 풍부한 영양소를 공급해 주지요. 고등 동물은 섬유소를 분해할 능력이 없어요. 메테인 생성균은 열수 분출공 세균과 같이 고세균입니다.

산소로 호흡하며 살아가는 세균을 호기성 세균으로 부릅니다. 호기성 세균은 산소를 이용하지 않는 세균에 비해 훨씬 많은 에너지를 만들 수 있어요. 남세균과 호기성 세균은 지구 생태계를 찬란하게 번성시켰어요. 매우 효율적으로 빛 에너지를 생명 활동 에너지로 전환했습니다. 남세균은 광합성으로 빛 에너지를 포도당 속에 저장했고요. 산소 기체를 만들었지요. 호기성 세균은 이 산소로 포도당을 분해해 대량의 생명 활동 에너지를 얻었으니까요. 실상 광합성과 산소 호흡은 정반대의 작용인데요. 이렇게 세균에 의해 시작된 광합성과 산소 호흡의 과정을 통해 빛 에너지가 생명 에너지로 이용되었고 생명 활동에 필요한 물질의 공급과 순환도 매우 원활해졌어요.

지구가 여느 천체와 비교할 수 없을 만큼 아름다운 행성으로 탈바꿈했던 '기적'은 생물체에서 일어난 상호 보완적이고 효율적인 광합성과 산소 호흡의 결과였습니다. 식물 세포의 엽록체, 동식물 세포의 미토콘드리아도 각각 남세균, 알파프로테오박테리아에서 유래되었지요. 눈을 만들 수 있는 빙핵 활성 단백질을 보유한 세균, 흙냄새를 일으키는 세균, 자연사의 대멸종을 견디며 방사능에 강력한 내성을 지닌 세균 등 세균의 세상에 대해 우리가 모르는 게 너무 많습니다.

1683년 입안에서 처음 미생물을 발견한 안톤 반 레벤후크Anton van Leeuwenhoek(1632~1723)의 연구 결과가 발표된 이래 현재 미생물학자들은 우리의 몸 안에 있는 마이크로바이옴이라는 미생물 군집을 밝혀냈습니다. 인체 안에서도 세균끼리 서로 유전자를 교환하고 전달한다는 것을 알게 되었지요. 인간을 인간과 미생물의 혼합체라고 일컫는 학자도 있습니다. 우리 몸에는 세균을 포함한 미생물의 수가 우리 세포의 10배나 되기 때문이지요. 피부뿐 아니라

안톤 반 레벤후크.

몸속에도 번성하고 있는데요. 가장 많은 기관은 창자라고 해요.

인류는 오래전부터 세균을 이용해 식초, 김치, 치즈, 와인 등 다양한 음식을 숙성시켜 오랫동안 보관했습니다. 이러한 발효 과정은 세균이 산소 없이 호흡하는 결과이지요.

다만 세균은 음식물을 부패시키거나 인체에 감염병을 일으키기도 합니다. 세균에 의한 전염병으로 많은 사람들이 목숨을 잃어요. 그러나 아주 치명적인 세균이더라도 이 병원체로 생물이 멸종하는 경우는 거의 없다고 합니다. 숙주는 점차 세균에 내성을 갖게 되고 세균은 독성이 감소하는 방향으로 진화하거든요. 숙주에 기생해서 살아가는 병원체는 숙주가 더 오래 생존하는 게 유리하기 때문이지요.

"그 아름답고 경이로운 생명의 전개"를 이끈 생물은 고세균과 남세균(광합성 세균), 알파프로테오박테리아(산소 호흡 세균)였습니다. 38억 년 전 태양계의 작은 행성에서 탄생했던 생명체는 수십억 종으로 진화하며 대멸종 속에서도 면면히 삶을 이어 오고 있어요. 지구에서 세균이 생명의 신화를 썼다고 해도 과언이 아니지요. 또한 지금 이 순간에도 세균이 지구 구석구석을 깔끔히 청소하고 있어요. 만약 세균이 똥과 사체, 쓰레기를 분해하지 않는다면 어떻게 될까요. 세균은 지구 생태계의 숨은 영웅이 아닐까요.

간혹 바이러스를 가장 작은 생물로 아는데 그건 틀린 견해입니다. 세균에 비해 아주 작아서 보통 0.00002~0.0005밀리미터(20~500나노미터)인데요. 전자 현미경으로 볼 수 있는 바이러스는 몇 가지 생명의 특성을 지니지만 생명체가 아니거든요. DNA 혹은 RNA의 유전 정보를 복제하고 진화하는 생태를 갖지만 스스로 생명 활동을 하지 못합니다. 반드시 살아 있는 생명체에서만 번식해요. 숙주의 효소와 세포 소기관을 이용해야 자신의 유전 물질을 복제하고 증식할 수 있기 때문이지요. 그러니까 바이러스는 단백질이 유전 물질을 감싸고 있을 뿐 세포가 아닙니다. 단백질 껍질로 된 덩어리이지요.

바이러스 유전자는 숙주의 몸에서 빠르게 번식하며 돌연변이를 일으킵니다. 코로나 바이러스가 우리 몸에서 증식하면 숙주 세포를 파괴해요. 코로나 바이러스는 왕관 모양을 닮아서 붙인 이름인데요. 변이율이 높은 RNA 바이러스로 호흡기를 통해 감염되며 폐를 공격합니다. 더 나아가 면역 세포가 과도하게 반응하는 치명적인 급성 면역 반응을 일으켜 많은 사람들이 고통받았습니다.

31 거대 포유류는 이렇게 멸종했다

250만 년 전부터 1만 년 전까지 검치(칼이빨)호랑이가 살았어요. 칼이빨호랑이 중 가장 몸집이 큰 스밀로돈*Smilodon populator*은 들소, 땅늘보 등 대형 포유류를 사냥할 만큼 힘센 동물이었지요. 무엇보다 송곳니가 최대 28센티미터나 되었고 양날이 톱니 모양이었어요. 입은 120도까지 벌어졌습니다. 몸길이 3.5미터로 현생 사자보다 10퍼센트 정도 컸고요. 인류가 남긴 동굴 벽화에도 등장합니다.

스밀로돈의 복원도.

신생대의 울창한 풀숲에서 육식 포유류보다 더 큰 초식 포유류가 번성했는데요. 나무늘보와 비교되는 거대한 땅늘보가 살았습니다. 3500만 년 전 남미 대륙에서 등장해 번성했어요. 초식 포유류의 대표 격인 메가테리움*Megatherium americanum*이 두 다리로 일어섰을 때 키는 6미터에 이르렀고 몸무게는 5톤이었지요. 70센티미터나 되는 거대한 발톱을 휘두르면 육식 동물도 다가서기 어려웠겠지요. 똥 화석을 분석해 보니 이 메가테리움은 최소 70가지 식물을 먹은 것으로 나타났어요. 땅늘보와 친척인 글립토돈*Glyptodon*은 아르마딜로처럼 생겼는데요. 몸길이 4미터, 높이 1.5미터였어요. 지금 살고 있는 친척인 개미핥기와 비교하면 훨씬 컸습니다.

유라시아 북부의 초원 지대에 살았던 털코뿔소*Coelodonta antiquitatis*도 몸길이 4미터, 어깨높이 2미터 정도까지 자라 현생 코뿔소보다 몸집이 훨씬 컸습니다. 굵고 긴 털이 온몸을 덮었고 뿔은 최대 1.5~2미터 정도까지 자랐는데요. 인간이 그린 동굴 벽화에 두 마리 털코뿔소가 서로 싸우는 모습이 담겨 있어요. 사슴도 지금과는 사뭇 달랐어요. 아일랜드 엘크로 불리는 큰 뿔 사슴인 메갈로케로스*Megaloceros giganteus*는 어깨높이가 2미터 이상이었고 뿔의 길이가 최대 3.6미터, 뿔 무게만 40킬로그램에 달했습니다.

그런데 매머드를 비롯해 그 거대한 포유류들이 왜 모두 멸종했을까요. 더구나 그들이 사라진 1만 년 전은 가장 극심했던 빙하기가 끝나고 따뜻한 간빙기가 시작되었던 무렵이었거든요. 고생물학자들이 내놓은 여러 가지 답을 살펴볼까요.

먼저 기후 변화설입니다. 빙하기 기후에 적응했던 동물들이 따뜻해진 기후를 견디지 못해 멸종했다는 주장입니다. 질병설도 나왔어요. 대형 포유류가 인류와 공존하고 있었다는 사실에 주목해 인간이 길들인 가축에서 질병이 전파되어 멸종했다는 가설입니다. 같은 맥락에서 사냥설도 나왔습니다. 인류의 지나친 사냥으로 멸종했다는 거죠.

어떤 주장에 끌리나요. 고생물학자들의 의견은 기후 변화설에서 점점 사냥설로 바뀌었습니다. 지역별로 대형 포유류가 멸종한 시기와 현생 인류가 진출한 시기가 거의 비슷한 걸로 나타났거든요.

2023년 덴마크 국립연구재단은 대형 동물의 멸종이 기후 변화가 아닌 인간의 개입 때문이라고 단정 지은 논문을 발표했습니다.

지난 75만 년에 걸친 대규모 포유류 개체군의 진화를 연구한 결과인데요. 처음 70만 년 동안 포유류 수는 상당히 안정적이었다지요. 하지만 인류가 등장하면서 빠르게 줄어들기 시작해 결국 회복되지 못했다고 분석했어요. 대형 포유류 139종의 DNA를 분석한 결과는 국제 학술지인 《네이처 커뮤니케이션즈》에 실렸습니다.

인간들이 매머드를 사냥하는 그림을 본 적이 있을 거예요. 고생물학자들이 연구한 결론에 따르면 인류가 매머드, 칼이빨호랑이, 땅늘보와 털코뿔소, 큰뿔사슴 들을 모두 전멸시켰던 거죠.

32 공룡보다 큰 포유류가 살아 있다

인간이 끊임없이 벌인 사냥으로 매머드를 비롯한 대형 포유류들이 육지에서 멸종했지만 바다에서는 달랐습니다. 인간이 바다 속까지 들어가 사냥하기는 어려웠던 거죠. 그 결과 지구에서 살았던 동물 가운데 가장 큰 생명체가 지금도 바다에서 살고 있습니다. 코끼리 20마리를 합친 180톤의 몸무게에 몸길이가 33미터에 이릅니다. 누구일까요?

대왕고래입니다. 중생대의 거대한 목 긴 공룡보다 더 크지요. 바다에 적응한 대형 포유류입니다.

육상 동물이 다시 바다로 돌아간 이유는 고래의 먼 조상인 파키케투스*Pakicetus inachus* 화석에서 실마리를 찾을 수 있습니다. 얕은 바다 근처의 호수 퇴적층에서 발견된 파키케투스 화석을 보면 가늘고 긴 다리와 꼬리를 지녔는데요. 늑대를 닮은 모습이지만 네 다리에는 소처럼 발굽이 달려 있었어요. 고래는 소, 하마와 같은 조상에서 갈라졌지요.

캐나다 자연사박물관에 전시되어 있는 파키케투스.

4900만 년 전 육지에 포유동물이 너무 늘어나 먹이 다툼이 격심해지자 파키케투스가 하나둘 바다를 선택했던 거죠. 우연히 바다에 들어갔다가 다른 포유동물이 없어 먹이 구하기가 쉽다는 사실을 알았겠지요. 파키케투스가 돌아간 바다가 지금의 지중해 근처인 테티스해였는데 당시 깊이가 얕고 따뜻해서 먹이를 잡고 새끼를 낳아 기르기 좋았어요.

처음에는 바다와 육지를 오가며 살았겠지요. 그런 생활이 오래 이어지면서 파키케투스의 입은 점점 길어졌습니다. 물고기를 잡기 편하게 진화한 파키케투스가 자연 선택된 거죠.

점점 육지로 올라오지 않게 된 파키케투스가 바다에서만 생활한 지 1000만 년 정도 뒤에는 겉모습이 달라진 동물로 진화했습니다. 이 이빨고래의 조상은 도루돈*Dorudon serratus*과 바실로사우루스*Basilosaurus cetoides*로 나눠졌는데요. 도루돈은 몸길이 5미터로 작은 물고기를 잡아먹은 데 비해 바실로사우루스는 몸길이가 최대 24미터에 몸무게는 최대 60톤으로 커졌습니다. 심지어 친척인 도루돈까지 잡아먹었습니다. 두 동물은 계속 진화해서 500만 년 전에 오늘날 돌고래와 고래가 되었어요.

물고기를 사냥하는 이빨고래와 달리 바다에 풍부한 플랑크톤을 수염으로 걸러 먹는 수염고래가 3000만 년 전에 등장했습니다. 작은 먹이를 대량 걸러 먹을 수 있었던 환경에서 몸집이 거대해졌습니다. 대왕고래, 참고래로 진화했어요.

고래의 앞다리는 가슴지느러미가 되어 마치 배의 키처럼 헤엄치는 방향을 조정합니다. 뒷다리는 퇴화했는데 몸속에 흔적이 남아 있어요. 귓바퀴도 없어졌지만 그 대신 청력이 한층 발달했습니다. 공기보다 소리가 더 빠르고 멀리 나가는 물의 환경에 적응했어

수염고래과에 속하는 혹등고래의 모습.

요. 사람은 20~20000헤르츠, 박쥐는 1000~120000헤르츠, 고래는 10~150000헤르츠의 소리를 들을 수 있는데요. 고래가 박쥐보다 훨씬 높은 초음파와 더 낮은 초저주파 소리를 들을 수 있습니다. 이들은 인간이 듣지 못하지만 엄청나게 큰 소리로 소통하며 여러 몸짓으로 서로 대화한다고 해요.

고래는 어류처럼 공기주머니인 부레가 없는데 어떻게 물에 뜰 수 있을까요. 골밀도를 낮추는 방향으로 진화해서 부력을 얻었어요. 그리고 숨을 쉬러 주기적으로 바다 위로 올라와야 하는데요.

혈액에 헤모글로빈이 많고 근육에도 미오글로빈이 많아 한 번 호흡하면 오랫동안 잠수할 수 있게 되었지요. 헤모글로빈과 미오글로빈에는 산소를 운반하는 철이 많은데, 산소와 결합하면 붉은색이 나지요. 고래의 근육이 육상 동물처럼 붉은 까닭입니다. 뇌와 심장에는 새로운 혈관을 만드는 유전자가 유난히 많이 분포해 있어요. 그래서 뇌 손상이나 심장병을 치료하기 위해 고래를 연구하는 과학자와 의학자도 있지요.

그런데 인간이 먼 바다로 나갈 수 있는 기술을 갖게 되자 대왕고래도 과거 육지의 대형 포유류처럼 멸종 위기를 맞았습니다. 겨우 3퍼센트만 남은 것으로 추산하는데요. 다행히 과거와 달리 조금은 슬기로워진 인류가 고래 잡는 포경 활동을 금지하면서 조금씩 개체수가 늘어나고 있습니다. 하지만 안심할 상황은 아닙니다.

우리나라 서해에는 토종 고래 상괭이*Neophocaena sunameri*가 살아요. 입이 밋밋해 다른 돌고래와 생김새가 다른데 무엇보다 웃는 얼굴입니다. 그만큼 귀엽고 매끄러운 몸집이 아담한 고래입니다. 하지만 이 '미소 고래'는 가엽게도 멸종 위기종입니다.

33 '호프'가 공룡의 자리를 차지한 이유

영국 런던 국립자연사박물관에 들어가면 커다란 중앙홀 천장에 매달려 있는 어마어마한 동물의 뼈대를 가장 먼저 만납니다. 공룡이 아닙니다. 바로 대왕고래*Balaenoptera musculus*(공식 명칭은 흰긴수염고래)예요. 자연사박물관은 그 뼈대에 이름까지 지어 놓았어요. 호프HOPE, 희망입니다.

왜 뼈만 남은 대왕고래를 전시하며 호프라고 명명했을까요. 여기에는 사연이 있는데요. 본디 자연사박물관을 대표해서 대왕고래가 있던 곳에는 다른 동물이 오랫동안 자리하고 있었습니다. 목긴 공룡 디플로도쿠스*Diplodocus carnegii*가 수십 년 넘게 어린이의 사랑을 듬뿍 받았어요. 그러다가 2017년 지금 현존하는 대왕고래의 뼈로 과감하게 교체했습니다.

공룡보다 큰 대왕고래의 이름 호프는 "인간이 합리적인 근거와 과학을 통해 지구의 미래에 관한 합리적인 결정을 내리게 될 것이라는 의미"라고 합니다. 멸종 위기의 대왕고래를 되살려 내겠다는 의지가 뚝뚝 묻어나지요. 대왕고래는 이빨이 없는 수염고래라서 작은 크릴(갑각류에 속하는 동물성 플랑크톤)을 한꺼번에 삼키고 수염으로 바닷물을 여과해 먹는데요. 자연사박물관은 관람객들이 입장하는 순간에 대왕고래의 추격을 받는 크릴처럼 느껴지도록 호프가 아래를 내려다보는 모양새로 전시했다고 해요. 하지만 막상 그곳에 들어서면 크릴이 되어 쫓기는 느낌보다는 생명의 장엄함이 더 진하게 다가오더군요.

그런데 자연사에서 가장 몸집이 큰 동물이라는 대왕고래의 위상이 최근 흔들렸습니다. 독일 국립자연사박물관 연구팀이 페루

영국 런던 국립자연사박물관 중앙홀 천장에 매달려 있는 대왕고래, 호프.

에서 발견한 화석을 분석한 결과 대왕고래를 능가하는 거구의 원시 고래가 3900만 년 전에 살았다고 발표했어요. 페루케투스 콜로서스*Perucetus colossus*라는 이름을 붙였는데요. '페루의 거대 고래'라는 뜻입니다.

2023년 《네이처》에 실린 내용을 보면 고생물학자들이 2006년 페루 남부 사막에서 거대한 화석을 발견했는데 워낙 거대하고 화석의 밀도가 높아 척추뼈 화석 하나의 무게가 150킬로그램에 달했답니다. 무려 10년에 걸친 발굴 작업 끝에 척추뼈 13개, 갈비뼈 4개, 골반뼈 조각의 화석들을 분석해 최대 340톤의 몸무게로 추정했어요. 그동안 지구 최대의 동물로 알고 있었던 대왕고래를 앞지르는 몸집이었어요.

그런데 과학계 일각에서 의문을 제기했습니다. 두개골 화석이 발견되지 않았고, 일부 화석 무게만으로 이미 멸종된 생물 전체의 무게를 추산하는 과정에서 오류가 생길 수 있다는 거죠. 아니나 다를까. 이듬해 2024년 미국 연구팀이 페루케투스의 몸무게를 재추정한 결과를 발표했습니다. 페루케투스가 대왕고래보다 무거우려면 골밀도가 3배, 지방이 2배가 되어야 하는데 이는 척추동물로서는 사실상 불가능한 일이라고 반박했습니다. 이 연구팀은 골격과 근육이 몸집에 비례해 커진다는 가정을 잘못이라 했고, 페루케투스의 몸무게를 60~114톤으로 추정했어요.

현재 학계에선 미국 연구팀의 주장을 수긍하는 편입니다. 물론 언제든지 새로운 화석이 나타나면 바뀔 수 있겠지요. 하지만 그보다 중요한 것은 영국 런던 국립자연사박물관의 살아 있는 상징인 호프가 지금도 바다에서 살아 숨쉬고 있다는 사실입니다.

인류는 고래의 소중함을 최근에야 깨우쳤어요. 고래 한 마리가 수천 그루의 나무와 같은 역할을 합니다. 고래가 숨쉬려고 물 위로 올라올 때 똥을 누는데요. 영양가 높은 고래 똥으로 물 위에 사는 식물성 플랑크톤이 번성하기 때문이어요. 식물성 플랑크톤이 광합성을 할 때 이산화탄소를 흡수합니다. 고래는 죽은 후에도 거대한 사체가 바다 속에 가라앉아 바다 깊이 이산화탄소를 저장하지요. 고래는 살아서도 죽어서도 지구 온난화를 막아 주는 막강한 방패랍니다.

34 바다의 유령, 스텔러바다소의 사랑

바다소는 바다에 사는 초식성 포유류입니다. 해우海牛라고도 합니다. 몸길이가 2.5~4미터이니까 땅에 사는 소와 비슷한 셈이지요. 머리 생김새도 소처럼 순해 보여요. 계통적으로 코끼리와 가까운 친척이어요. 코끼리의 시조인 모에리테리움*Moeritherium lyonsi*은 긴 코가 없고 짧은 엄니를 지녔습니다. 분자 생물학자들의 연구에서도 바다소와 코끼리가 친척이라는 게 밝혀졌습니다.

현재 두 종류의 바다소가 살고 있는데요. 태평양과 인도양에 듀공*Dugong dugon*이 있고 대서양에 매너티*Trichechus*가 있습니다. 특이해서 대다수 자연사박물관에 박제나 표본이 전시되어 있어요.

그런데 두 바다소보다 훨씬 큰 스텔러바다소*Hydrodamalis gigas*의 전설 같은 실화가 기록으로 남아 있습니다. 몸길이 8미터, 몸무게도 최고 12톤이 나갈 만큼 엄청났습니다. 북태평양 베링해를 천천히 헤엄치며 해초와 다시마를 뜯어 먹고 260만 년 동안 평화롭게 살았지요. 하지만 수백만 년의 평화가 1741년 산산조각 났습니다. 그

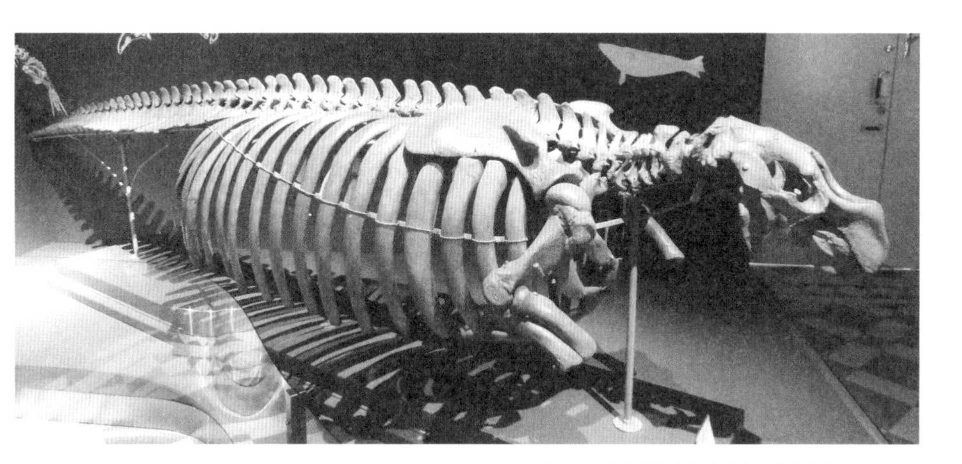

핀란드 자연사박물관에 전시된 스텔러바다소.

해 11월 독일 박물학자 게오르그 빌헬름 스텔러George Wilhelm Steller(1709~1746)가 당시 러시아제국의 캄차카 반도를 탐사하다가 폭풍우로 조난을 당하는 사건이 일어났어요. 섬에 고립되어 굶주림으로 죽어 가던 선원들 앞에 커다란 바다소가 나타났습니다. 인간을 경계하기는커녕 호기심을 보이며 다가온 바다소를 스텔러와 선원들은 쉽게 잡아먹을 수 있었지요.

바다소 덕분에 살아남은 선원들은 난파된 선체 조각으로 보트를 만들어 이듬해 탈출에 성공했는데요. 유럽으로 돌아온 스텔러는 자기 이름을 붙여 '스텔러바다소'를 세상에 알리며 무용담처럼 자랑했습니다. 그러자 자본주의 초창기였던 그 시기에 수많은 유럽인들이 베링해로 몰려들었어요. 대형 바다소 고기와 기름으로 큰돈을 벌 수 있다고 계산했던 거죠. 더없이 온순한 스텔러바다소를 마구 사냥했어요. 더구나 한 마리가 잡히면 친구를 도와주려고 스텔러바다소들이 모여들어 사냥꾼들이 즐거운 비명을 지를 정도였다지요.

그 결과는 어떻게 되었을까요. 유럽인과 스텔러바다소가 처음 만난 지 정확히 27년 만에 지구에서 멸종됐습니다. 무자비한 사냥에 분노한 현지인들의 노력으로 러시아 당국이 사냥 금지령을 내렸지만 돈을 벌려는 탐욕 앞에선 소용이 없었습니다.

스텔러바다소가 사라지자 북태평양 연안의 해초 숲도 망가졌습니다. 바다 표면 근처의 해초 잎을 주로 먹었던 스텔러바다소가 멸종되면서 햇빛이 바다 아래에까지 닿지 못한 탓이지요. 무성했던 해초 숲이 햇빛 부족으로 황폐화되었습니다. 해초 숲이 줄어들면서 스텔러바다소의 친척인 매너티도 떼죽음을 맞아 크게 줄어들었지요.

스텔러바다소의 고기가 맛이 없었다면 멸종을 피했으리라고 주장하는 학자도 있습니다. 남극 탐험대가 펭귄을 잡아먹었지만 텐트 천을 씹는 듯해서 더는 식용으로 사냥하지 않았다고 하면서요. 백인들의 사냥으로 스텔러바다소가 단 한 마리도 살아남지 못했는데 인간의 탐욕 때문이 아니라고 말할 수 있을까요. 남아프리카에 살던 푸른 빛깔의 영양을 발견한 유럽인들이 신비롭다며 푸른 가죽을 탐내고 마구 사냥해 1799년 멸종한 사건과 똑같아요. 파란영양*Hippotragus leucophaeus*은 오스트리아를 비롯한 유럽의 자연사박물관에 박제본으로 남았을 뿐입니다.

1751년 더 서글픈 이야기를 스텔러 자신이 다음과 같이 적었습니다.

> 암컷을 잡으면 수컷이 다가와 구하려 안간힘을 쓴다. 아무리 두들겨 패도 결국 해안까지 따라온다. 다음 날 아침 고기를 자르기 위해 나가 보면 수컷은 아직도 암컷 곁을 떠나지 않고 있다.

스텔러바다소의 순수한 사랑이 애처롭게 그려집니다. 하도 유유히 움직여서 백인 사냥꾼들이 바다의 유령으로 별명을 붙였다는데요. 결국 인간의 무지막지한 사냥에 의해 27년 만에 정말 바다의 유령이 된 거죠.

2017년 스텔러바다소의 뼈대가 바닷가의 모래와 자갈밭에서 처음 발굴되어 전시됐습니다. 등뼈 길이만 5.2미터였지요. 그 커다란 바다소의 이름에 스텔러라는 이름을 붙여 쓰기가 싫어집니다. 바다의 착한 유령으로 부르고 싶군요.

35 진화의 모범생 키위의 비극

모든 생물이 그렇듯이 조류도 개체의 유전적 미래에 최선을 다합니다. 가능한 한 다음 세대를 잘 길러 내려고 하지요. 머나먼 남쪽 섬나라 뉴질랜드에 살고 있는 새도 그랬습니다. 남섬과 북섬 어디에도 땅 위를 어슬렁거리는 천적이 없었어요. 그래서 튼실한 다리로 빠르게 달리며 곤충, 지렁이, 나무뿌리 들을 먹이로 삼았지요. 그에 맞춰 발톱이 날카롭고 후각이 빼어난 새로 진화했어요. 뉴질랜드를 상징하는 새, 키위*Apteryx*입니다.

몸무게 1~3킬로그램 정도로 닭 크기이지요. 갈색이 가장 많은데요. 날개를 사용하지 않고 긴 부리로 땅을 콕콕 찌르며 먹이를 구해 더는 날지 못하게 되었어요.

키위는 사뭇 큰 알을 낳는데요. 어미 몸무게의 4분의 1 이상일 만큼 커서 어미가 죽을 위험에 처하기도 합니다. 큰 알을 보호하기 위해 땅을 파거나 움푹한 곳을 다듬어 둥지를 만들고 1~2개의 알을 낳아요. 2~3개월 동안 수컷이 알을 품는데 생장이 느려서 다

뉴질랜드를 상징하는 새, 키위.

클 때까지 5~6년이 걸린답니다. 커다란 알에서 부화한 새끼는 작은 포식자들에게 먹힐 고비에서 무사히 벗어날 수 있지요.

키위새는 아열대성 기후의 온화한 풀숲과 나무가 우거진 외딴 섬에서 번성했던 야행성 육상 조류입니다. 키위 이름을 뉴질랜드에서 오랜 세월 살고 있는 선주민 마오리족이 지었다고 하는데요. "키위 키위" 하며 노래하는 새라는 뜻이랍니다.

하지만 유럽인들이 이주해 오면서 키위는 전혀 예측하지 못한 환경에 갑자기 내던져졌습니다. 1830년대 주머니여우(포섬)*Trichosurus vulpecula*를 대량으로 들여왔거든요. 모피는 의류로 활용하고 고기는 식용으로 수출했어요. 야생 지역으로 빠르게 퍼진 포섬은 1980년대가 되자 7000만 마리까지 늘었습니다. 키위에게 재앙이 되었지요. 포섬이 여기저기 돌아다니며 어린 키위를 잡아먹기 시작했거든요. 어린 키위가 야생에서 살아남을 확률이 크게 줄었습니다.

더구나 인간이 들여온 토끼가 빠르게 번식하자 백인들은 토끼의 개체수를 조절하기 위해 또 족제비를 들여왔습니다. 다 자란 키위도 족제비의 공격에는 무력했어요. 집집마다 키우기 시작한 개도 위협이 되었지요. 날 수 없는 키위는 해마다 6퍼센트씩 줄었습니다. 다섯 종 중 두 종은 이미 100마리 안팎으로 감소했습니다. 섬에서 조화롭게 공존했던 마오리족과 키위는 뉴질랜드로 침입한 사람들에 의해 멸종에 이르고 있어요.

그래서일까요. 뉴질랜드 사람들이 키위에 보내는 애정이 애틋합니다. 국가를 상징한 새, 국조國鳥도 키위인데요. 심지어 자신들을 아예 키위라고 부릅니다. 멸종 위기의 키위를 살리자는 운동에도 적극적이며 70개 이상의 동물원과 보호 단체가 정부와 함께 키위 보전 활동을 활발히 펼치고 있습니다. 키위가 야생에서 부화해 살아남을 확률이 매우 낮아 알을 발견하면 아예 가져오기도 합니다. 사람들이 보호해서 부화시키는 거죠. 어린 키위가 천적에 대항할 수 있을 만큼 자라면 자연보호구역의 울타리 안에서 적응 기간을 둔 뒤 야생으로 보냅니다. 키위들은 산림보호구역과 국립공원에서 살아갑니다.

날개를 접고 섬에 정착해 둥지를 튼 새, 키위가 맞닥뜨린 위기를 뒤늦게나마 깨닫고 다시 섬사람들이 보살피고 있습니다. 키위가 멸종 위기를 벗어나 다시 번성한다면, 인류 문명이 대전환을 이루는 작은 상징이 될 수 있겠지요.

가장 큰 새 역시 인류에 의해 멸종했습니다. 마다가스카르섬에 살았던 코끼리새*Aepyornithidae*는 키 3미터, 몸무게 최대 860킬로그램에 달하며 알 크기는 최대 1미터, 무게 10킬로그램이었어요. 키위새와 가까운 친척이었는데요. 죽은 알과 뼈 몇 조각을 남긴 채 영영 사라졌습니다.

신생대에 포유류보다 더 많은 종으로 번성했던 공룡의 후예는 안타깝게도 10퍼센트 이상의 종이 이미 멸종되었습니다. 인간이

프랑스 파리 국립자연사박물관에
전시된 코끼리새.

범인이라고 하지요. 육지를 걸어 다니는 인간이 어떻게 하늘을 나는 새를 멸종시켰을까요. 사냥뿐 아니라 섬으로 이주하고 삼림을 벌채해 새의 서식지를 파괴했거든요. 쥐와 개가 늘어나면서 새를 습격했지요. 이에 더해 근래에는 농약으로 인한 환경오염, 바다에 유출된 기름, 쓰레기 들로 지구 곳곳에서 새들이 죽어 가고 있습니다.

36 홀로세도 인류세도 아닌 '자본세'

기나긴 자연사의 마지막 장은 지금 우리가 살고 있는 현실입니다. 새삼스러운 말이지만 자연은 아름답지요. 지구 곳곳에 빚어 놓은 절경을 찾아 많은 사람들이 국경을 넘어 여행합니다. 대자연의 위대함에 감동해 사진을 찍고 여행에서 돌아와 들춰 봅니다. 현재 살아 있는 동물과 식물을 보기 위해 동물원과 해양관, 식물원을 찾기도 하지요.

우리는 자연사를 탐험하면서 역동적인 풍경과 신비로운 생물들을 생생히 만났습니다. 지난 46억 년의 지구에서 수많은 생명체가 나타나고 번성하는 한편 대부분 멸종할 만큼 자연사는 큰 변화를 겪어 왔지요.

페름기 대멸종뿐 아니라 중생대의 지배자였다가 지층으로 사라진 거대한 파충류들, 우리가 살고 있는 신생대에도 멸종된 생물들이 무수히 많습니다. 게다가 우리가 살고 있는 지질 시대를 과거와 다르게 판단하는 과학자들이 늘어나고 있습니다.

지질 시대의 연장선에서 보면 우리는 6500만 년 전에 시작된 신생대의 가장 최근인 제4기 홀로세를 살고 있습니다. 빙하기에서 벗어나 지구가 따뜻해지는 1만 년 전부터의 시기인데요. 고대 그리스어에서 '홀로holo'는 '완전히 새로운'이란 뜻입니다.

현생 인류에 의해 이전과 구분되는 새로운 지질 시대에 진입했다고 진단하는 과학자들은 홀로세가 아니라 인류세로 불러야 한다고 주장합니다. 대기화학자 파울 크뤼천Paul J. Crutzen(1933~2021)은 7억 명의 인류가 살았던 18세기부터 급속한 산업화로 지층의 변화가 또렷하다고 역설했는데요. 지구 온난화가 현실적 위기로 나타나기 시작한 2010년대에 접어들어 학계 안팎에서 큰 공감을 얻고 있습니다.

썩지 않는 플라스틱을 비롯해 산업 혁명 이래 고도의 기술로 생산한 인공 물질들이 지층에 차곡차곡 쌓이고 있다는 거죠. 콘크리트, 합성 고무, 유리 제품 들을 기술 화석이라고 부릅니다. 더욱이 식용으로 대량 소비하고 버린 엄청난 닭 뼈를 비롯한 쓰레기들이 육지는 물론 바다 밑에 쌓여 먼 미래에 화석처럼 지층에 남겠지요. 10만 년이 지나도 사라지지 않을 핵폐기물도 지구 곳곳 지질층에 자리 잡고 있어요.

쓰레기로 오염된 해변의 모습.

자연환경이 오염되고 파괴되면서 생물종도 빠르게 줄어들고 있습니다. 현재 호랑이, 검은코뿔소를 비롯해 28퍼센트의 생물종이 멸종 위기에 처해 있어요. 자연적인 멸종률의 1000배에 달하는 수치이지요. 일부 학자들은 인류에 의해 6차 대멸종이 이미 진행 중이라고 분석합니다. 수천 년~수백만 년에 걸쳐 일어났던 과거의 대멸종과 다르게 짧은 기간에 급속히 생물들이 멸종하고 있어요. 만약 이렇게 계속된다면 그동안 멸종의 틈새에서 일어났던 생물의 진화와는 또 다른 모습으로 자연사가 전개될 수 있습니다.

인류세에 대한 논의가 활발해지면서 그 시점을 놓고 의견이 엇갈리고 있는데요. 더러는 농업 혁명이 일어난 1만 년 전부터, 더러는 증기 기관을 사용한 1780년대의 산업 혁명부터 시작됐다고 주장합니다. 특히 인류세라는 이름이 잘못되었다고 주장하는 학자들이 있습니다. 인류세라는 이름은 문제의 원인이 누구 책임인가를 분명히 가리지 않고 인류 전체의 잘못으로 호도한다는 거죠. 인류세를 진단한 현상들이 대부분 산업 혁명 이후 빚어진 것인데 위기의 주범인 자본주의에 면죄부를 줄 수 있다는 주장이지요. 그래서 인류세가 아니라 문제를 일으킨 주체를 명시해 자본세로 불러야 옳다는 거죠.

산업 혁명 이후 인류는 지질층에 묻혀 있던 대량의 화석 연료를 꺼내 소비하면서 토양과 바다는 탄소 저장고의 기능을 빠르게 잃어가고 있어요. 이산화탄소, 메테인 등 온실 기체가 가파르게 늘어나면서 모든 생물학자가 기후 변화를 연구한다고 할 정도로 2020년대에 들어서면서 기후 재앙이 뚜렷해지고 있습니다. 서식지 파괴, 온난화, 산업 쓰레기 들로 파괴되는 생물의 생태에서 인간도 예외일 수 없어요. 실제로 홍수, 가뭄, 폭염, 폭설, 산불, 해수면 상승 들을 불러오는 기후 온난화에 저개발국의 경제적 소외계층이 가장 큰 피해를 입고 있거든요. 기후 난민은 탄소 발자국이 낮은 순서라는 역설이 맞는지도 모릅니다.

과학자들 사이에 여러 의견이 있지만 한 가지는 분명합니다. 지층에 변화를 일으킬 만큼 우리 시대의 풍경이 과거와 다릅니다. 인류가 페트병과 캔을 남기고 사라질 수 있다는 경고를 흘려보내지 말고 곰곰 새겨야 할 이유이지요.

인류세로 부르든 자본세로 부르든 인류의 위기는 조금씩 커져가고 있어요. 다행히 여러 나라에서 지구를 살리자는 사람들이 늘어나고 있습니다. 그들이 인류의 희망, 자연사의 희망입니다.

자연사의 하루를 시작하며

우리는 분자 생물학으로 생명 현상을 규명하는 첨단 과학의 시대에 살고 있습니다. 세균에서 인간에 이르기까지 모든 생명 현상이 A, C, G, T의 염기 부호를 번역하고 발현하는 과정이지요. 생명체의 청사진이라 불리는 유전체(게놈) 지도의 연구 성과는 여러 대륙에 살고 있는 사람의 30억 개 염기 서열을 해독하는 데 이르렀습니다. 분자 생물학은 생물의 혈통을 찾으려는 분류학과 화석 연구에도 기여하고 있어요. 유전자의 염기 서열, 단백질의 아미노산 서열이 비슷할수록 공통의 조상에서 최근에 분화한 것으로 파악할 수 있어요.

분자 생물학의 시대에 자연사는 어떤 의미일까요. 사회 현상을 분석하기 위해 역사를 연구하는 것과 같은 이치입니다. 자연 현상은 자연의 역사 속에서 일어나는 일이거든요. 자연사를 알면 자연 현상과 그 과정에서 일어난 생명의 변화를 더 잘 이해할 수 있는 까닭이지요. "세포는 역사의 기록물"이라는 칼 우즈Carl R. Woese(1928~2012)의 말처럼 생명체는 자연사의 기록물입니다.

지구의 자연사는 생동하는 생명의 역사입니다. 어느 시대, 어느 장소를 막론하고 자연사는 치열한 삶의 현장을 고스란히 담고 있어요. 자연사의 관점에서 생태를 이해하면 생명 현상을 유전 정보의 기계적인 활동으로 오해하는 일은 없을 거예요. 차갑고 도식적인 분석에서 한 걸음 물러날 수 있는 거리를 제공합니다.

인류의 역사에 비해 자연사는 아주 깊숙이 있어서 이를 온전히 발굴하는 일은 매우 조심스러운 작업입니다. 그럼에도 자연사를 발굴하는 노력이 서서히 진전되고 있어요. 과학의 실타래가 조금씩 풀릴 때마다 또 새로운 물음이 꼬리를 물고 솟아납니다. 과학자들은 그 물음을 과학적으로 검증하고 응답해 왔지요.

자연의 숨겨진 원리를 겸허하게 탐구하는 사람들에 의해 자연사는 한층 깊어지고 넓어져 왔습니다. 진실에 다가가기 위해 자신의 생각을 의심하고 실패를 두려워하지 않았기 때문이지요. 어쩌면 수없이 절박한 환경 속에서 온몸으로 맞섰던 생명의 역사가 너무 장엄해서 그 증거인 화석을 파고들었던 것은 아닐까요.

끊임없는 자연환경의 변화에 적응하며 대멸종의 틈새에서도 진화를 멈추지 않았던 생명체의 역동적인 역사를 인류의 세포가 간직하고 있습니다. 수십억 종의 생물이 살다간 38억 년 동안 진화를 촉발시킨 원인은 무엇이었을까요. 진화 생물학자들은 극한의 대멸종을 거치면서 살아남은 생명체가 환경에 가장 잘 적응해 진화한 생물이 아니라고 합니다. 인류의 조상은 환경에 적응할 수 있었고 우리가 알지 못하는 어떤 이유로 운 좋게 살아남은 생물이라고 이야기하지요. 자연사의 한 장을 넘길 때마다 미래를 예측하는 일이 매우 어렵다는 것을 실감하는 까닭입니다.

과연 자본세에 봉착한 생명의 미래는 어떻게 전개될까요.

이미지 출처와 페이지

나사	20쪽
위키백과	나머지 모두